KB252330

우리 식재료, 천연 재료로 만든

김영모의 케이크 & 쿠키

동아일보사

일러두기

* 모든 가루는 체에 한 번 내려서 사용합니다.
* 버터는 무염버터를 사용합니다.
* 기본 시럽은 유기농설탕 50g과 물 100g을 설탕이 녹을 때까지 끓여서 식힌 것을 씁니다.
* 우유달걀물은 달걀 1개, 우유 100g, 물 100g, 소금 약간을 섞어서 만들어 씁니다.
* 오븐 온도와 굽는 시간은 사용하는 오븐에 따라 차이가 있을 수 있습니다.
* 모든 오븐팬과 케이크틀은 식용유로 안쪽에 기름칠을 하고 사용합니다.

우리 식재료, 천연 재료로 만든

김영모의 케이크&쿠키

몸도 마음도 행복해지는 자연 닮은 맛

'어떻게 하면 그.렇.게. 만들 수 있을까?'

제과인의 길에 들어선 뒤 한동안 나의 모든 것을 사로잡았던 것은, 어떻게 하면 앞선 기술을 따라갈 수 있을까 하는 것이었습니다. 돌이켜보면 그 고지가 한없이 까마득하게 보였지만 하나씩 깨쳐나가던 그 기쁨, 조금이라도 여유가 생기면 세계의 내로라하는 베이커리를 돌며 최고의 제품과 기술에 도전하던 그 설레임이 제과업에 인생을 걸게 한 것 같습니다.

'어떻게 하면 다.르.게. 만들 수 있을까?'

최고의 맛이란 끝이 없는 것이지만, 마음 먹은 대로 원하는 맛을 낼 수 있을 만큼 손에 익숙해지면서 남과는 뭔가 다르게 만들고 싶었습니다. 겉보기엔 같아 보여도 맛을 보면 확연히 다르다는 것을 느낄 수 있는, 요즘 말로 '김영모 스타일'을 보여주고 싶었지요. 그렇게 고민한 끝에 내린 결론이 '매일 먹어도 질리지 않는 빵'이었습니다. 어쩌다 먹는 별식이 아닌, 햇곡으로 갓 지은 밥 같은 빵 말입니다. 어떤 인공첨가제 없이 순수 곡물로 자연발효하여 만든 빵은 그렇게 시작되었습니다.

'어떻게 하면 이.롭.게. 만들 수 있을까?'

우리 고유의 농산물, 천연 재료를 이용해 제품을 개발하면서 이것이야말로 집에서 밥하듯이 만들 수 있는 훌륭한 가정식이라는 걸 알았습니다. 정교한 모양이나 고도의 기술이 아니더라도 일상의 신선한 재료를 바로 활용할 수 있으니 가장 좋은 홈베이킹이지요. 평소 홈베이킹을 지지하는 이유는 홈베이킹이 발전해야 제과 수준이 더욱 향상될 수 있기 때문입니다. 좋은 재료로 정성을 다한 맛을 경험해봐야 그 가치를 알 수 있으니까요. 그래서 모든 레시피를 일반 가정에서 어렵지 않게 만들 수 있도록 다시 개발하고, 재료도 손쉽게 구할 수 있는 친환경 우리 농산물 위주로 구성했습니다.

이 책에는 특히 한국인의 자연식 밥상에 빠지지 않는 우리 먹을거리를 많이 사용했습니다. 두부를 이용해 생크림을 대신하고, 우유 대신 두유를 쓰고, 대표적인 건강식품인 복분자, 대추, 꿀 외에도 각종 견과류, 호박, 연근, 토마토, 고구마, 감자 등 흔히 접하는 식재료로 빵을 만들었습니다. 몸에 좋다고 맛을 포기할 순 없지요. 첫눈에 반하지 않을 수도 있지만 시간이 가도 계속 생각나고 궁금해지는, 최고의 맛을 경험할 수 있을 것입니다.

김 영 모

contents

머핀 & 컵케이크
muffin & cupcake

건강 케이크
well-being cake

건강 케이크 & 쿠키 재료

우리밀 밀가루

우리나라에서 재배한 밀로 만든 밀가루. 방부제를 사용하지 않은 우리 농산물이라 더 믿음이 간다. 긴 여정을 거쳐 수입된 것보다 화석연료 소비도 낮아 환경을 위해서도 더 바람직하다. 강력분에 속한다.

제빵용 쌀가루 · 순 쌀가루

제빵용 쌀가루는 글루텐을 첨가해 밀가루처럼 쫄깃한 빵을 만들 수 있다. 순 쌀가루는 시판용으로 글루텐 등 첨가물을 전혀 넣지 않은 100% 쌀가루다. 글루텐에 알레르기가 있는 사람은 구별해서 쓴다.

유기농설탕 · 흑설탕 파넬라슈거 · 메이플슈거

흰설탕 대신 쓸 수 있는 당류들. 파넬라슈거는 선인장에서 추출해 만들고 메이플슈거는 단풍나무 진액으로 만든다. 빵에 따라 어울리는 당류를 선택한다.

베이킹파우더 · 베이킹소다

이스트처럼 빵을 부풀게 하는데, 베이킹파우더는 반죽을 위로 퍼지게 하고, 베이킹소다는 옆으로 퍼지게 하는 힘을 가지고 있다. 물이 닿으면 바로 활동하기 시작하므로 반죽하여 바로 굽는다.

메이플시럽

단풍나무 수액을 끓여서 만든 천연 감미료로 캐나다 특산품이다. 꿀처럼 특유의 향미를 가지고 있어 빵에 풍미를 더한다.

두유

반죽을 만들 때 우유 대신 넣을 수 있는 재료로 콩의 영양을 섭취할 수 있는 방법이다. 우유에 알레르기가 있거나 유당불내증이 있는 사람에게 두유를 넣은 빵이 좋다. 되도록 설탕이 들어있지 않은 제품을 쓴다.

두부

유제품을 넣지 않은 케이크를 만들 때 생크림 대신 두부를 이용해 크림을 만들 수 있다. 또 반죽에 넣으면 치즈와 식감이 비슷해서 치즈 케이크의 칼로리를 낮출 수 있는 재료이기도 하다. 면보로 싸서 눌러 수분을 뺀 다음 사용한다.

모차렐라 치즈

부드러운 연질치즈인 모차렐라는 녹으면서 특유의 쫄깃한 식감을 가져 요리나 빵에 자주 쓰인다. 모차렐라 치즈는 피자용으로 작게 잘라 놓은 가공품과 약간 단단한 덩어리로 된 것, 유통기한이 짧고 아주 부드러운 프레시 모차렐라 등으로 종류가 다양하다.

자색고구마

붉은 색을 띠는 안토시아닌 색소는 항산화작용이 뛰어난데, 보통 고구마에는 껍질에만 있지만 자색고구마는 전체에 안토시아닌을 듬뿍 가지고 있다. 항암작용과 고혈압에도 효과가 있으며 우리나라에서는 전북지역에서 많이 재배된다.

비트

속까지 진한 적자색을 띠고 있는 비트는 철분 함유량이 높아 혈액을 생성하는데 도움을 준다. 빈혈에 좋고 식이섬유 및 항산화성분도 풍부한 영양 식품이다. 비트즙은 조금만 넣어도 색을 빨갛게 물들여 천연 색소로도 많이 사용한다.

주키니호박

애호박보다 커서 돼지호박이라고도 부르는 주키니호박은 당질과 비타민A가 풍부하다. 속이 단단해서 이탈리아요리나 중국요리에 자주 등장하고 빵 반죽에 넣어 구워도 맛이 잘 어울린다.

연근

버릴 것이 하나도 없다는 연은 꽃, 씨앗, 잎, 뿌리가 모두 요리에 쓰인다. 연의 뿌리인 연근은 특히 식이섬유소와 비타민C가 풍부해 변비 예방에 좋다. 익혀도 아삭아삭한 맛이 살아 있어 식감이 좋다.

보늬밤

겉껍질을 벗기고 조려놓은 제품으로 속껍질까지 먹을 수 있다. 밤의 속껍질은 율피라고 하여 한약재로 쓰이고 피부 보습 효과가 있어 화장품 재료로도 쓰인다. 보늬밤은 시중에서 통조림 제품으로 구할 수 있다.

바닐라빈

길쭉한 줄기처럼 생긴 바닐라빈은 안에 새까만 작은 씨앗을 가득 담고 있는 열매다. 줄기를 반으로 갈라 칼끝으로 속을 긁어서 사용한다. 달걀의 비린내를 효과적으로 없애며 독특한 풍미를 준다. 바닐라빈이 없으면 바닐라에센스로 대체할 수 있다.

올리브

지중해 연안에서 많이 나는 올리브는 초록색과 검은색 두 가지가 있는데, 서로 다른 것이 아니라 초록색 열매가 익으면 검은색을 띤다. 올리브에는 항산화물질이 풍부하게 들어있어서 노화를 예방해주는 장수식품으로 꼽힌다.

건포도

포도를 말려서 만든 건포도는 식이섬유와 비타민, 철분이 풍부한 영양 식품이다. 쉽게 구할 수 있어 제과제빵에도 자주 쓰이는데, 럼이나 화이트 와인에 담가 불렸다가 쓰면 부드러워져서 맛을 향상시킬 수 있다.

 # 간편 도구

볼

스테인리스로 된 볼과 유리볼을 크기별로 갖추고 있으면 좋다. 반죽할 때는 3ℓ 정도 되는 넉넉한 크기의 볼이 있으면 편하다. 재료를 계량할 때는 종지처럼 작은 볼이 유용하다.

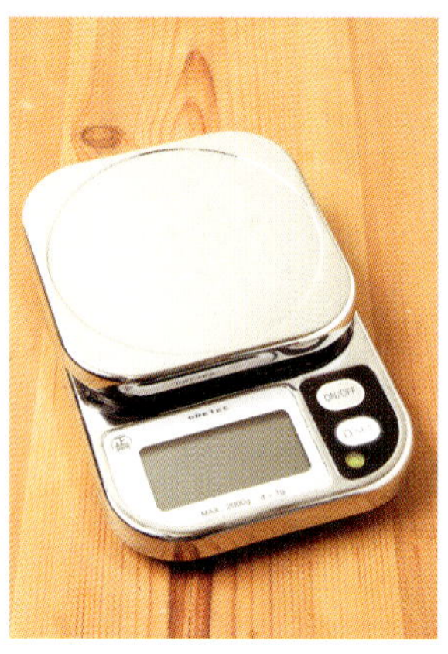

전자저울

제과제빵에서 재료의 용량을 잴 때는 대부분 g으로 한다. 액체 역시 g단위로 재서 정확하게 넣어야 하므로 1g 단위로 표시되는 전자저울을 사용하는 것이 편리하다.

밀대

쿠키를 만들 때 밀대로 밀어 모양을 낸다. 나무로 된 두툼한 밀대와 얇은 밀대 두 가지가 일반적으로 많이 쓰이고, 쿠키 반죽을 자를 때 막대자 대신 기준선으로 대고 써도 편하다.

거품기

반죽을 섞을 때, 액체를 섞을 때 필요하다. 순수 쌀가루 빵의 반죽처럼 묽은 반죽은 거품기를 이용해야 매끄럽게 섞인다. 큰 것 하나, 중간 크기 하나정도 준비한다.

고무주걱 · 나무주걱

고무주걱은 재료를 말끔히 긁어낼 때, 재료를 섞을 때, 반죽 윗면을 고르게 할 때 쓴다. 나무주걱은 고무주걱보다 힘이 있으므로 쌀가루 반죽 등을 섞을 때 사용한다.

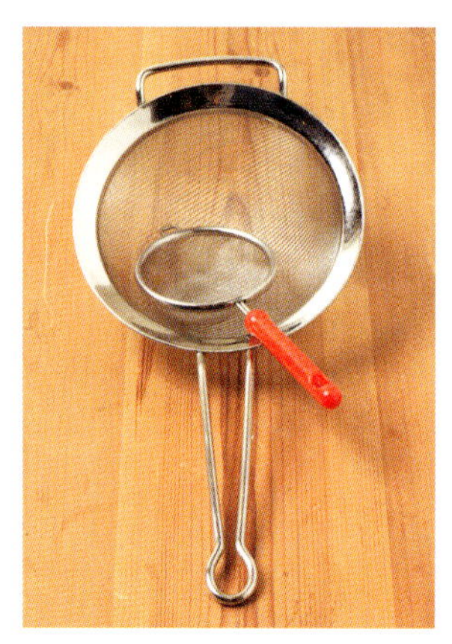

체

가루를 체에 칠 때, 물에 불린 재료를 건져 물기를 뺄 때 사용한다. 곱게 가루를 뿌릴 때도 필요하므로 큰 것 하나, 작은 것 하나 정도 갖추고 있으면 좋다.

스크래퍼

반죽할 때, 반죽을 긁어 모을 때, 반죽을 자를 때, 빵에 모양을 낼 때 등 다양하게 쓰인다. 플라스틱으로 된 것과 스테인리스로 된 것이 있다.

짜주머니

반죽을 모양을 내어 짜거나 빵 위에 크림을 얹을 때 사용한다. 헝겊으로 된 것은 견고하고 다시 쓸 수 있다는 장점이 있지만 빨아서 완전히 말려야 하므로 관리에 주의해야 한다. 비닐로 된 것은 요즘 유행하는 일회용 짜주머니로 사용이 간편하다.

머핀틀과 머핀컵

머핀을 구울 때 쓰는 틀로 그냥 굽기보다는 종이컵을 하나씩 껴서 사용한다. 최근에는 종이로 된 제품들도 다양하게 나와 있어서 원하는 디자인을 목적에 맞게 골라서 쓴다. 자신이 갖고 있는 오븐에 맞춰 사이즈를 고른다.

링모양 케이크틀

케이크를 구울 때도 쓰지만 쌀빵이나 파운드 등을 구워 케이크처럼 모양을 낼 수도 있다. 하나쯤 있으면 집에서 굽는 제품의 모양을 다양하게 변화를 줄 수 있어 요긴하다. 사용할 때는 안쪽에 기름칠을 한 다음 쓴다.

오븐팬

쿠키를 구울 때나 빵을 구울 때 팬에 그대로 올려서 굽기도 하는데, 이때는 바닥에 요철이 있는 것보다 매끈한 것이 사용하기 좋다. 같은 제품을 2~3개 정도 가지고 있으면 편리하게 사용할 수 있다.

피케

파이나 타르트 시트에 구멍을 낼 때 사용하는 도구로 롤러처럼 생겨서 한번 밀어주면 일정하게 구멍이 생긴다. 피케가 없으면 포크로 군데군데 구멍을 내기도 한다.

원형 커터

칼날이 얇고 사용이 간편해 얇게 민 반죽을 자를 때 편리하다. 피자를 자를 때 쓰는 도구로 잘 알려져 있고, 주름진 칼날은 새로운 모양을 만들 수 있는 장점이 있다. 막대자를 대고 쓰면 사용이 더 용이하다.

소형 믹서

제과제빵에 쓰는 재료들은 용량이 많지 않아서 작은 믹서가 때로는 더 유용하다. 재료를 곱게 갈 때나 액체 재료를 섞을 때 사용할 수 있다. 거품기를 달면 생크림을 거품낼 때도 편리하다.

붓

케이크 시트에 시럽을 바를 때나 쿠키를 만들 때 쓴다. 넓은 것이 쓰기 편하지만 가정에서는 4~5cm 너비의 붓을 장만하면 다용도로 쓸 수 있다. 2개 이상 마른 붓을 준비하는 것이 좋다.

그레이터 · 강판

파르메잔치즈나 체다치즈 등은 갈아서 나오는 제품도 있지만 덩어리를 직접 갈아서 쓰면 더욱 풍미가 살고 천연의 맛을 낼 수 있다. 작은 강판처럼 생긴 그레이터는 레몬이나 오렌지의 겉껍질을 살짝 갈 때 쓴다.

베이킹 기초 상식

홈베이킹을 처음 하는 사람들이 가장 쉽게 시작하는 메뉴는 머핀이나 쿠키가 일반적이다. 발효하지 않아도
되므로 과정이 간단하기 때문. 여기에도 지켜야 할 몇가지 수칙이 있으니 베이킹을 하기 전에 알아두면 실패하지
않는다. 무엇보다 오븐이나 도구를 익숙하게 다룰수록 완성도를 높일 수 있다.

가루는 체에 한 번 내려서 쓴다

밀가루, 호밀가루, 쌀가루 등 케이크나
쿠키, 빵을 만드는 가루는 체에 한 번
내려서 사용한다. 체에 내리면 입자가
균일해지고 공기가 고르게 들어가 반죽할 때
뭉치는 현상이 줄어든다. 밀기울이나 거친
통밀가루처럼 입자가 큰 것은 체에 내리지
않고 그대로 쓴다.

재료의 용량은 정확하게 지킨다

제과제빵에서 정확한 개량은 기본 중의
기본이다. 재료의 양이 겨우 2~3g이
들어가더라도 중요한 역할을 하는 것이
많아서 적은 용량이라도 무시할 수 없다.
정확히 개량한 재료들은 고무주걱이나
스푼으로 알뜰하게 긁어서 넣는다. 1g이라도
임의로 조절하는 것은 실패의 큰 원인이
된다.

버터 녹이기

버터가 들어간 반죽을 만들 때 버터를
처리하는 방법에 신경을 써야 한다.
여름철에는 금방 실온에서 부드러워져
괜찮지만 겨울에 쓸 때는 버터가 쉽게
녹지 않아 전자레인지에 녹여서 쓰기도
한다. 반죽에 따라 부드러운 상태의
버터를 거품기로 치대어 크림처럼 만들어
쓰기도 하고, 완전히 녹여서 액체로 만들어
넣기도 한다. 버터를 녹일 때는 유리볼이나
도자기그릇에 담아 전자레인지에
20~30초간 돌리면 액체 상태로 녹는다. 단,
너무 돌려서 버터가 끓지 않도록 주의한다.
버터의 양에 따라 수초면 액체로 되기도
하니 시간을 잘 조절하도록 한다. 버터가 반
이상 녹았을 때 꺼내어 저어주면 남은 열에
의해 부드럽게 녹는다.

레몬 사용하기

레몬은 적은 양이 들어가지만 빵이나
케이크, 쿠키 어떤 것을 만들더라도 맛에서
아주 중요한 역할을 한다. 재료들의
잡냄새를 잡아주고 향긋함을 전해주는
포인트 재료다. 레몬을 사용할 때는 굵은

소금으로 문지른 다음 물에 씻어서 쓴다.
레몬은 껍질과 즙을 모두 사용하는데,
껍질은 겉의 얇은 노란층만 사용한다.
노란 껍질 안에 나오는 흰색 껍질은 쓴맛을
가지고 있으니 주의한다. 고운 강판에
갈아서 사용하거나 칼로 얇게 벗겨 다져서
쓴다. 레몬즙을 낼 때는 반을 잘라 짜내는데,
자르기 전에 바닥에 놓고 손바닥으로 꾹
눌러 문지른 다음 사용하면 즙의 양이
많아진다. 오렌지 역시 껍질이나 즙을
사용할 때 같은 방법으로 한다.

사과즙 만들기

천연 과즙의 사과주스를 사용해도 되고,
사과를 직접 갈아서 사용해도 좋다. 사과를
강판에 갈아서 그대로 넣으면 된다. 즙만
짜내도 되지만 건더기가 들어간다고 해도
제품에 큰 영향을 주지 않으니 편하게
사용한다. 사과의 색이 갈색으로 변하는
것은 자연적인 현상이어서 걱정할 필요는
없는데, 그래도 완성된 케이크나 빵의 색이
좀더 예쁘게 나오려면 갈변이 일어나기
전에 사용하는 것이 좋다. 갈아서 바로 쓰면
갈변현상을 줄일 수 있다.

생크림 거품내기

생크림은 80% 정도만 거품을 내서 사용하는
것이 포인트. 완전히 단단하게 거품을 내면
거칠어서 빵에 잘 발라지지 않고 아이싱이
매끄럽게 되지 않는다. 시폰 케이크나
생크림 케이크에 유연하고 매끄럽게
발라놓은 생크림의 비밀은 바로 부드러운
상태에서 바르는 것이다. 생크림을 거품낼
때는 냉장고에서 갓 꺼낸 차가운 상태의

크림을 써야 분리되지 않는다. 핸드믹서를
써서 빠른 시간 안에 거품을 내는 것이 좋고,
여름과 같이 더운 날은 얼음물에 담가 놓은
상태로 거품을 내기도 한다. 그래야 크림이
분리되는 현상을 막을 수 있다. 설탕과 럼을
첨가해 맛을 내기도 한다.

기본 시럽 만들기

심플 시럽이라고도 하며 케이크나
컵케이크를 만들 때 쓴다. 다 구워진 시트에
붓을 이용해서 바르면 빵을 촉촉하고
달콤하게 한다. 만드는 법은 유기농설탕
50g과 물 100g을 냄비에 넣고 설탕이 녹을
때까지 살짝 끓인다. 묽은 상태의 시럽으로
팔팔 끓일 필요는 없고 설탕이 완전히 녹을
때까지 끓인다. 밀폐용기에 담아두고 필요할
때 덜어서 쓰면 편리하다.

핸드믹서 사용법

핸드믹서는 전동을 사용하는 거품기라고
생각하면 되는데, 반죽할 때나 머랭을 만들
때, 생크림을 거품낼 때 유용하다. 사용할
때는 핸드믹서의 비터(핸드믹서에 장착하는
거품기)가 그릇에 직각이 되게 세워서 써야
재료가 밖으로 튀지 않는다. 그릇 안에서
한 곳에 있지 말고 동그랗게 원을 그리듯
움직이면 재료들이 고루 섞일 수 있다. 단,
비터를 바닥에 대고 세게 돌리면 쇠소리가
심하게 난다. 그 정도로 바닥을 긁으며
움직일 필요는 없으니 주의한다.

오븐 사용법을 익힌다

가정용 오븐은 가스를 사용하는 오븐,
전기오븐, 컨벡션오븐 등 종류가 다양하고
오븐에 따라 열의 흐름이 달라서 각자
사용법을 익히는 것이 중요하다. 기본적으로
중간 칸을 이용해 굽고 한층만 넣어서 굽는
것이 초보자가 실패하지 않는 방법이다.
전기오븐은 일반적으로 아래쪽과 위쪽에
모두 열선이 있는 반면 가스 오븐은
아래쪽에서만 열이 나오는 경우가 있어서
바닥의 열이 더 강하다. 이런 경우는 바닥이
타지 않도록 팬을 두 겹으로 겹쳐서 쓴다.
롤케이크처럼 구운 색이 덜 나야 하는
제품의 경우도 오븐팬을 두 장으로 쓴다.

틀에 기름칠하기

쿠키를 굽는 오븐팬이나 케이크 틀의
안쪽에는 얇게 기름칠을 하여 사용한다.
코팅이 되어 있는 틀도 한번씩 기름칠을
해야 구운 다음 떼어낼 때 편리하다.
식용유를 행주나 키친타월에 묻혀 틀 안쪽을
가볍게 닦아내듯 바르면 된다. 버터를 쓸
때는 붓을 이용해 바르거나 손가락으로
문질러 바른다. 단, 시폰케이크는 틀에
기름칠을 하지 않고 쓴다.

꼬치로 속까지 익었는지 확인한다

케이크 반죽처럼 묽은 반죽은 다 구워지면
꼬치로 가운데를 찔러본다. 꼬치에 아무것도
묻어나지 않으면 다 익은 것이고, 꼬치에
익지 않은 반죽이 묻어서 나오면 덜 익은
것이다.

케이크 · 쿠키는 완전히 식힌다

케이크나 쿠키는 오븐에서 구운 다음 꺼내어
바로 식혀야 한다. 케이크의 경우 틀에서
꺼내 식히는데, 종이를 깔고 구웠을 때는
종이를 억지로 떼어내려 하지 말고 그대로
식혀야 한다. 완전히 식은 다음 종이를
떼어내면 제품에 상처가 나지 않게 잘
떼어낼 수 있다. 쿠키류의 경우도 완전히
식지 않은 상태에서 그릇에 담아두면
눅눅해지니 식힘망에서 충분히 식혀야
바삭해 진다.

66 세계 어느 도시를 가나 제과점 서너 군데만 들르면
양손에 빵 봉지가 가득합니다. 맛은 어떨까, 속은 어떨까 궁금해
하나 둘씩 사다 보면 이렇게 되지요. 그중 머핀과 케이크류는
그 모양이 눈도 마음도 유혹하기에 충분합니다. 모양뿐만 아니라
건강도 생각한 한 컵의 케이크부터 시작해봅니다. 99

머핀 & 컵케이크
muffin & cupcake

두유블루베리머핀
단호박머핀
파프리카머핀
바나나머핀
롤치즈머핀
사과체다치즈머핀
크랜베리머핀
딸기컵케이크
홍차컵케이크
티라미수컵케이크
유자컵케이크
두부크림감자컵케이크
초코두부크림바나나컵케이크

두유블루베리 머핀

요즘은 우리나라에서도 여름이면 싱싱한 블루베리가 생산된다.
가정에서도 묘목을 심어두면 여름 한철 블루베리를 수확할 수도 있다.
신선한 블루베리로, 또는 구하기 어려우면 냉동 블루베리를 써서
직접 블루베리 필링을 만들어 넣는다.

재료 준비 : 10분　블루베리 필링 만들기 : 15분　반죽 : 15분　패닝 : 5분　굽기 : 20분　완성

ingredients ●

*지름 6cm 머핀 4개 분량
우리밀 밀가루 140g
전립분 80g
베이킹파우더 7g
천일염 2g
해바라기씨유 60g
메이플시럽 150g
두유 180g
레몬껍질 간 것 1개 분량
레몬즙 1개 분량

블루베리 필링
블루베리 90g
메이플시럽 20g
전분 5g
물 10g

how to make ●

1　블루베리 필링 만들기
냄비에 블루베리와 메이플시럽을 넣고 1~2분간
가열한다. 전분을 물에 잘 섞어 넣고 잘 어우러지게
살짝 끓인 다음 불에서 내려 식힌다.

2　반죽하기
볼에 밀가루, 전립분,
베이킹파우더, 소금을
넣어 섞는다.

3　다른 볼에
해바라기씨유,
메이플시럽, 두유,
레몬즙, 레몬껍질 간
것을 넣어 거품기로
섞는다.

4　③에 ②를 넣고
고무주걱으로 섞어
반죽한다.

5　블루베리 필링 넣기
반죽이 다 되면 블루베리
필링 만든 것을 넣고
주걱으로 서너 번 살살
섞는다.

6　패닝 · 굽기
머핀컵에 반죽을 80%
정도 채우고 180℃로
예열한 오븐에서 20분간
굽는다.

단호박머핀

머핀은 설탕이 넉넉히 들어간 달콤한 빵이다. 당도를 낮추고 싶다면
설탕의 단맛을 천연의 단맛으로 내본다. 설탕 대신 아가베시럽을 넣어
단호박과 잘 어울리는 천연의 단맛을 느낄 수 있다.

time table ● 단호박머핀 만들기의 예상 소요 시간은 1시간.

재료 준비 : 20분　단호박 볶기 : 5분　반죽 : 10분　패닝 : 5분　굽기 : 20분　완성

ingredients ●

*지름 6cm 머핀 4개 분량
우리밀 밀가루 175g
베이킹파우더 8g
계핏가루 3g
너트멕가루 2g
천일염 2g
삶은 단호박 160g
올리브유 40g
두유 125g
아가베시럽 100g
물 45g

부재료

단호박 ¼개
식용유 약간
잘게 썬 호두 50g
건포도 50g
럼 10g
*건포도는 럼에 미리
절여둔다.
장식용 단호박 약간

how to make ●

1 **단호박 볶기**
단호박은 잘게 썰어
프라이팬에 기름을
두르고 볶는다.

2 **반죽하기**
볼에 밀가루,
베이킹파우더, 계핏가루,
너트멕가루, 소금을 넣고
섞는다.

3 다른 볼에 삶은
단호박을 넣고 거품기로
곱게 으깬다. 믹서에
갈아서 써도 된다.

4 ③에 올리브유를
넣고 거품기로 섞은 다음
두유, 아가베시럽 순으로
넣어가며 섞는다. 물은
반죽 상태를 보며 조절해
넣는다.

5 ④에 ②를 넣고
거품기로 매끈하게
반죽한다.

6 반죽에 ①의 볶은 단호박과 호두, 럼에 절인
건포도를 넣고 주걱으로 살살 섞는다.

7 **패닝**
반죽을 머핀컵에 80%
정도 차도록 붓는다.

8 **굽기**
얇게 썬 단호박을 올리고
180℃로 예열한 오븐에서
20분간 굽는다.

파프리카머핀

알록달록한 색을 가진 파프리카. 샐러드 재료로만 알았다면 빵에 얼마나
잘 어울리는지 한번 시도해보기 바란다. 의외의 재료가 새로운 빵으로
탄생할 때 빵 만들기의 기쁨을 다시 느낄 수 있다.

재료 준비 : 15분　　반죽 : 10분　　패닝 : 5분　　굽기 : 20분　　완성

ingredients ●

*지름 6cm 머핀 4개 분량
순 쌀가루 150g
베이킹파우더 8g
메이플시럽 45g
카놀라유 55g
두유 155g
천일염 2g
빨간 파프리카 40g
노란 파프리카 40g
장식용 파프리카 적당량

how to make ●

1 반죽하기
볼에 메이플시럽,
카놀라유, 두유, 소금을
넣고 거품기로 섞는다.

2 다른 볼에 쌀가루와
베이킹파우더를 섞어
①에 넣고 반죽한다.

3 부재료 넣기
파프리카를 잘게 썰어
넣는다.

4 패닝
주걱으로 잘 섞어 반죽한
다음 숟가락으로 떠서
머핀컵에 80% 정도
채운다.

5 굽기
장식용으로 잘게 썬 파프리카를 얹어 180℃로 예열한
오븐에서 20분간 굽는다.

바나나와 밀기울로 반죽한 갈색의 건강 머핀

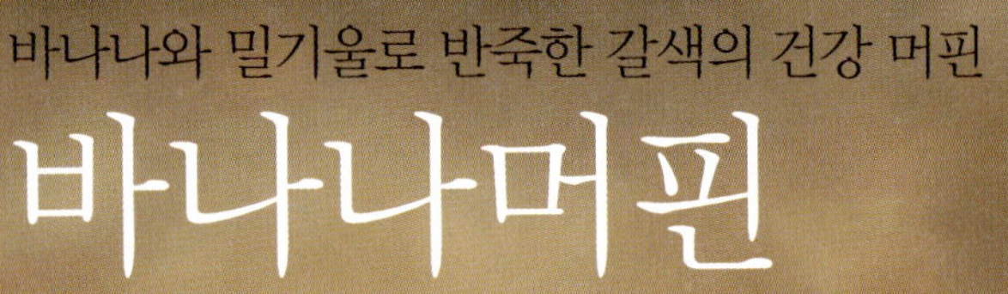

바나나머핀

발효할 필요 없고, 과정도 케이크처럼 복잡하지 않아 초보자도 만만하게 도전할 수 있는 것이 머핀이다. 바나나가 들어간 머핀류는 특히 초보자에게 추천하는 메뉴. 바나나 향이 진해 특별히 다른 재료를 넣지 않아도 맛있다. 바나나의 맛은 거친 밀기울과도 잘 어울린다.

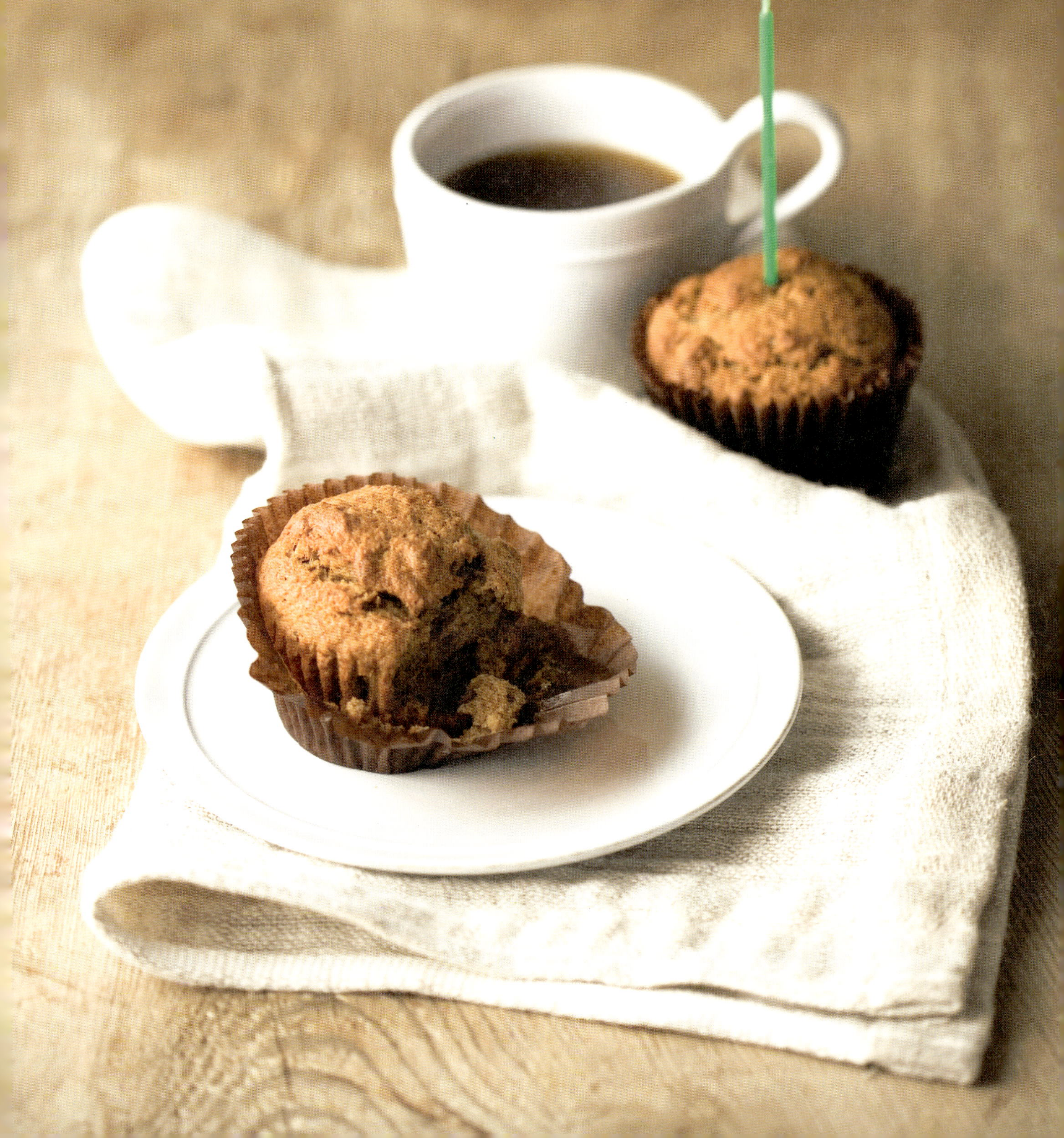

재료 준비 : 15분   반죽 : 10분   패닝 : 5분   굽기 : 20분   완성

ingredients ●

*지름 6cm 머핀 4개 분량
우리밀 밀가루 80g
밀기울 40g
베이킹소다 5g
실온에 둔 무염버터 65g
흑설탕 55g
천일염 1g
달걀 1개
으깬 바나나 125g
(큰 바나나 1개 정도)
잘게 썬 호두 30g

how to make ●

1 반죽하기
볼에 버터와 흑설탕,
소금을 넣고 핸드믹서를
저속으로 돌린다.

2 버터와 설탕이 섞여
크림처럼 되면 달걀을 두
번에 나누어 넣고 계속
핸드믹서로 섞는다.

3 바나나를 대강 으깨어
넣고 핸드믹서로 돌린다.

4 밀가루에
베이킹소다와 밀기울을
섞어 ③에 붓는다.

5 잘게 썬 호두도 함께
넣고 주걱으로 반죽한다.

6 패닝 · 굽기
머핀틀에 종이 머핀컵을 하나씩 놓고 반죽을 80% 정도
채워 180℃로 예열한 오븐에서 20분간 굽는다.

고단백 영양식 치즈를 넣어 만든

롤치즈머핀

머핀은 아이들 간식으로 자주 쓰는 메뉴이므로 영양의 균형을 맞추는 것이
좋다. 고단백 치즈는 머핀의 영양가를 높여주는 대표적인 재료. 치즈가
짭짤하므로 소금의 양을 줄이고 무염버터를 사용한다.

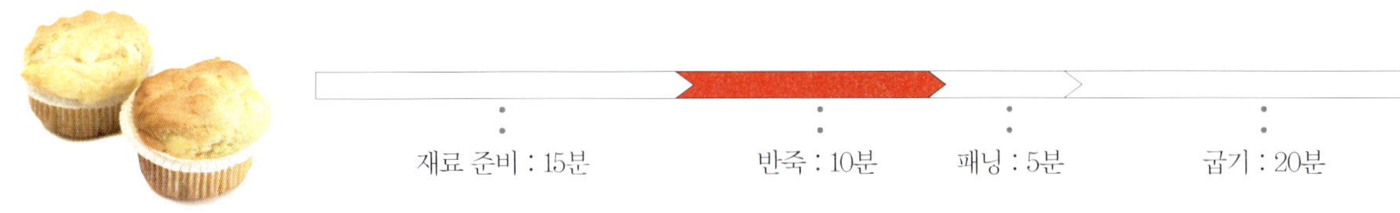

ingredients ●

*지름 6cm 머핀 6개 분량
우리밀 밀가루 160g
베이킹파우더 5g
베이킹소다 2g
유기농설탕 50g
우유 100g
천일염 1g
달걀 1개
녹인 무염버터 70g
다진 딜 또는
세이지 ½큰술
*말린 딜이나 세이지 사용시
1작은술
롤치즈 90g

how to make ●

1 반죽하기
볼에 설탕, 우유, 소금, 달걀을 넣고 딜은 잘게 잘라
넣는다.

2 거품기로 섞는다.

3 밀가루에 베이킹
파우더, 베이킹소다를
섞어 ②에 붓는다.

4 주걱으로 매끈한
반죽이 되도록 섞는다.

5 버터를 전자레인지에
녹여 천천히 부어가며
섞는다.

6 부재료 섞기
롤치즈를 넣고 섞는다.

7 굽기
숟가락으로 반죽을 떠서
머핀컵에 80% 정도 채워
180℃로 예열한 오븐에서
20분간 굽는다.

사과체다치즈머핀

급히 간식을 만들어야 한다면 이제 머핀을 떠올리자. 냉장고에 사과 한 개, 치즈 몇 장만 있으면 맛있는 머핀을 만들 수 있다. 갓 구워 접시에 한 가득 올려놓고 가족이나 친구들과 나눠 먹으며 즐거운 티타임을 가져본다.

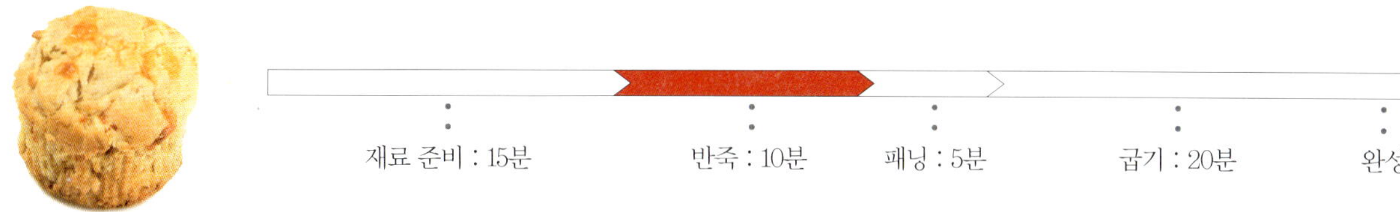

재료 준비 : 15분   반죽 : 10분   패닝 : 5분   굽기 : 20분   완성

ingredients ●

*지름 6cm 머핀 6개 분량
우리밀 밀가루 120g
오트밀 20g
베이킹파우더 4g
베이킹소다 2g
상온에 둔 무염버터 60g
메이플슈거 45g
천일염 1g
우유 90g
달걀 1개
사과 큰 것 ½개
잘게 썬 체다치즈 50g

how to make ●

1 반죽하기
볼에 상온에 두어
부드러워진 버터와
메이플슈거, 소금을 넣고
거품기로 부드럽게 푼다.

2 ①에 달걀을 넣고
거품기로 섞는다.

3 우유를 넣고 계속
섞는다.

4 밀가루에 오트밀,
베이킹파우더,
베이킹소다를 섞어 ③에
넣고 반죽한다.

5 부재료 넣기
사과와 체다치즈를 잘게 썰어 ④에 넣는다.

6 주걱으로 살살 섞어서
반죽한다.

7 굽기
숟가락으로 반죽을 떠서
머핀컵에 80% 정도 채워
180℃로 예열한 오븐에서
20분간 굽는다.

크랜베리머핀

하나의 반죽을 여러 가지로 응용할 수 있는 머핀 레시피. 말린 크랜베리
대신 건포도, 말린 체리, 말린 블루베리 등 여러 부재료를 응용할 수 있다.
크랜베리나 블루베리 등 붉은색의 과일은 항산화 작용을 하는 폴리페놀
성분이 다량 함유된 슈퍼 푸드다.

재료 준비 : 15분   반죽 : 10분   패닝 : 5분   굽기 : 20분   완성

ingredients ●

*지름 6cm 머핀 6개 분량
우리밀 밀가루 160g
베이킹파우더 4g
베이킹소다 2g
두유 30g
상온에 둔 무염버터 45g
천일염 1g
메이플슈거 75g
달걀 1개
레몬껍질 간 것 ½개 분량
말린 크랜베리 75g

how to make ●

1 반죽하기
볼에 버터, 메이플슈거,
소금, 레몬껍질 간 것을
넣는다.

2 핸드믹서를 저속으로
돌린다.

3 크림처럼 부드럽게 섞이면 달걀을 넣고 핸드믹서로
섞은 다음 두유를 넣고 섞는다.

4 밀가루에 베이킹소다,
베이킹파우더를 넣고
섞어 ③에 붓는다.

5 주걱으로 매끈하게
섞이도록 반죽한다.

6 부재료 섞기
말린 크랜베리를 섞는다.

7 패닝 · 굽기
숟가락으로 반죽을 떠서
머핀컵에 80% 정도 채워
180℃로 예열한 오븐에서
20분간 굽는다.

생크림 컵케이크 4가지

화려한 디자인과 달콤한 맛으로 시선을 유혹하는 컵케이크. 그러나 항상 칼로리 걱정이 앞섰는데, 조금 덜 달게, 조금 더 건강하게 만들어서 마음 놓고 유혹에 빠져보는 것이 어떨까? 달지 않은 생크림을 이용해 네 가지 컵케이크를 만들어 본다.

기본 컵케이크 만들기

재료 준비 : 10분 　 반죽하기 : 15분 　 패닝 : 5분 　 굽기 : 20~25분 　 완성

ingredients ●

* 지름 6cm 3~4개 분량
상온에 둔 무염버터 60g
유기농설탕 80g
달걀 1개
천일염 2g
우유 60g
우리밀 밀가루 100g
베이킹파우더 5g

how to make ●

1 버터 크림화하기
볼에 버터와 설탕을 넣고
거품기로 섞는다.

2 소금을 넣고 섞는다.

3 달걀 섞기
달걀을 넣고 섞는다.
반죽의 양이 많을 때는
달걀을 하나씩 넣는다.

4 부드럽게 잘 섞이고
미세한 거품이 날 때까지
3~4분간 섞는다.

5 우유 섞기
거품기로 계속 섞어가며 우유의 반을 조금씩 넣는다.
겨울에는 버터가 차가워 잘 섞이지 않으니 우유를
미지근하게 데워 넣는 것이 좋다.

6 반죽하기
볼에 밀가루와
베이킹파우더를 섞고
⑤를 붓는다.

7 거품기로 매끈한
반죽이 되도록 섞는다.
나머지 우유를 넣고
섞는다.

8 패닝 · 굽기
반죽을 머핀컵에 70%
정도 채우고 170℃로
예열한 오븐에서
20~25분간 굽는다.

baking tip ●

기본 시럽 만들기
컵케이크에 사용할 시럽은 기본 반죽과 함께
미리 준비해둔다. 냄비에 유기농설탕 50g과
물 100g을 넣고 설탕이 녹을 때까지 끓인 다음
식혀서 그릇에 담아두고 쓴다.

딸기컵케이크

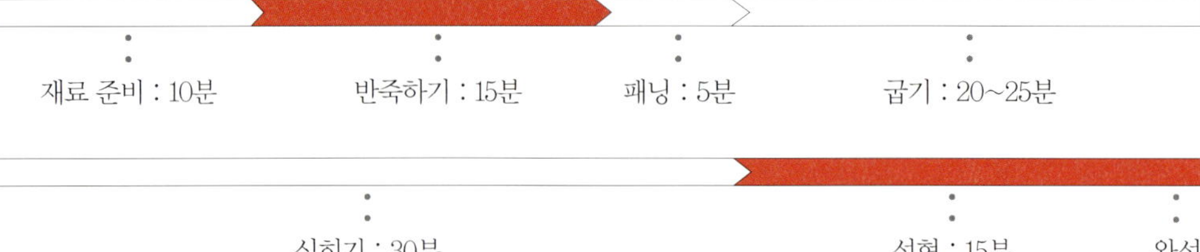

ingredients ●

기본 컵케이크 반죽
3~4개 분량
딸기 75g
유기농설탕 15g
레몬즙 5g
기본 시럽 적당량

생크림

생크림 150g
유기농설탕 10g
쿠엥트로 5g

how to make ●

1 준비하기

볼에 딸기를 담고
설탕, 레몬즙을 넣어
버무려둔다. 기본
반죽은 만들어 오븐에
굽는다. 생크림은
설탕과 쿠엥트로를 넣고
70~80% 정도 거품을
내어 차게 준비해둔다.

**2 컵케이크 잘라내기 ·
시럽 바르기**

구워서 식힌 컵케이크
윗면을 원뿔 모양으로
파내고 시럽을 듬뿍
바른다.

3 속 채우기

절여둔 딸기의 ½을 잘게
썰어 생크림과 함께 빵에
올린다.

**4 칼로 도려낸 케이크
윗면에 크림을 발라
뒤집어서 덮는다.**

5 시럽 바르기

시럽을 듬뿍 바른다.

6 생크림 아이싱

스패츌러를 이용해
생크림을 덮고,
짜주머니에 생크림을
담아 가운데 딸기 얹을
자리를 동그랗게 짠다.

7 장식하기

가운데에 나머지 딸기를
얹고 허브를 얹어
장식한다.

홍차컵케이크

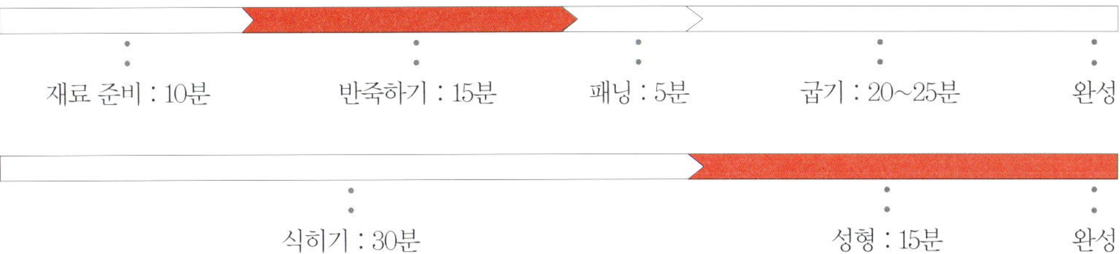

ingredients ●

기본 컵케이크 반죽
3~4개 분량
홍차(얼그레이) 간 것 4g
우유 20g
기본 시럽 적당량
슈거파우더 약간

생크림

생크림 150g
유기농설탕 10g
럼 5g

사과조림

사과 ½개
유기농설탕 25g
물 5g
럼 약간

how to make ●

1 컵케이크 굽기

기본 반죽에 홍차 간 것과 우유를 조금 넣고 섞은 다음 컵에 채워 굽는다. 생크림은 설탕과 럼을 넣고 70~80% 정도 거품을 낸다.

2 사과 조리기

프라이팬에 설탕과 물을 넣고 끓여 전체적으로 고르게 갈색이 나면 잘게 썬 사과를 넣고 럼을 약간 넣어 조린다.

3 시럽 바르기

①의 케이크를 윗면을 원뿔 모양으로 파내고 안에 시럽을 듬뿍 바른다.

4 속 채우기

생크림을 얹고 조린 사과를 얹는다. 파낸 빵에 생크림을 발라 거꾸로 덮고 윗면에 시럽을 듬뿍 바른다.

5 생크림 아이싱

스패출러를 이용해 생크림을 동그랗게 덮고, 조린 사과를 얹어 장식한다.

6 마무리

슈거파우더를 뿌린다.

티라미수컵케이크

재료 준비 : 10분 　반죽하기 : 15분 　패닝 : 5분 　굽기 : 20~25분 　완성

식히기 : 30분 　성형 : 15분 　완성

ingredients ●

기본 컵케이크 반죽
3~4개 분량
인스턴트커피 5g
커피리큐르 5g

시럽
기본 시럽 100g
인스턴트커피 5g

마스카포네크림
마스카포네치즈 50g
유기농설탕 7g
아마레토 7g
생크림 80g
코코아가루 적당량

how to make ●

1 컵케이크 굽기
커피리큐르에
인스턴트커피를 녹여
기본 반죽에 섞은 다음
종이 머핀컵에 채워
굽는다.

2 크림 만들기
볼에 마스카포네치즈를
넣고 거품기로
부드럽게 푼 뒤, 설탕과
아마레토를 넣고 섞는다.

3 생크림을 거품을 낸
다음 ②에 넣어 섞는다.

4 컵케이크 윗면을
일자로 잘라낸다.

5 시럽 바르기
기본 시럽에
인스턴트커피를 녹여
단면에 듬뿍 바른다.
시럽을 살짝 데워서
녹이면 쉽게 녹는다.

6 크림 바르기
⑤에 ③의
마스카포네크림을 듬뿍
얹고 스패출러로 콕콕
찍어 자연스럽게 모양을
낸다.

7 장식하기
코코아가루를 고루
뿌린다.

유자컵케이크

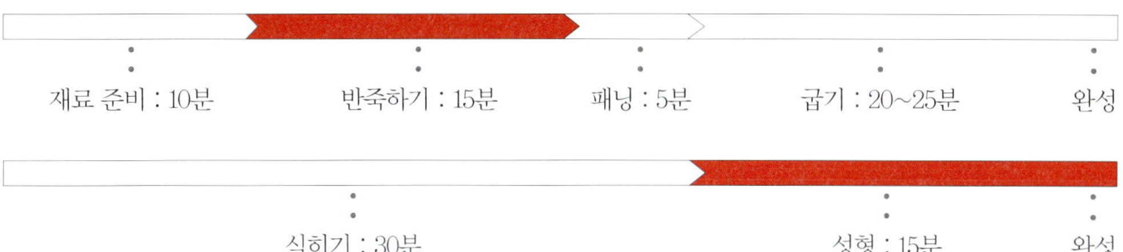

ingredients ●

기본 컵케이크 반죽

3~4개 분량

유자청 50g

기본 시럽 적당량

금귤통조림 적당량

유자크림

생크림 200g

유자청 50g

아가베시럽 10g

how to make ●

1 반죽하기

기본 반죽에 유자청을
넣고 섞는다.

2 굽기

머핀컵에 반죽을 70%
정도 채워 굽는다.

3 유자청 다지기

크림을 만들 유자청을
곱게 다진다.

4 유자크림 만들기

생크림을 70% 정도 거품
낸 다음 다진 유자청과
아가베시럽을 섞는다.

5 윗면 잘라내기

컵케이크 윗면을 일자로
잘라내고 단면에 기본
시럽을 듬뿍 바른다.

6 크림 얹기

유자크림을 올려
뾰족하게 모양을 만든다.

7 장식하기

금귤을 올려 장식한다.

두부크림감자 컵케이크

무언가 특별함이 숨어 있는 컵케이크! 위를 덮은 하얀 크림은 버터크림도 생크림도
아닌 두부로 만든 크림이고, 컵케이크의 빵에는 감자를 함께 넣어 만들었다.
눈을 현혹시키는 화려함 속에 콩과 감자의 영양을 더해 실속도 챙긴다.

재료 준비 : 20분 　 반죽하기 : 10분 　 패닝 : 5분 　 굽기 : 20분

식히기 : 30분 　 시럽 바르기 : 5분 　 장식하기 : 10분 　 완성

ingredients ●

*지름 6cm 머핀 4개 분량
우리밀 밀가루 100g
감자전분 40g
베이킹파우더 5g
삶은 감자 으깬 것 65g
메이플슈거 50g
천일염 1g
달걀 1개
우유 60g
녹인 무염버터 60g
잘게 썬 체다치즈 25g
생 백리향(또는 타임)
½작은술

부재료
두부크림(44쪽 참조) 300g
기본 시럽 적당량

how to make ●

1 반죽하기
볼에 삶은 감자,
메이플슈거, 소금을 넣고
거품기로 으깨며 섞고
달걀을 넣으면서 거품이
살짝 일어나도록 섞는다.

2 ①에 우유를 넣고
섞는다.

3 밀가루와 감자전분,
베이킹파우더를 한데
섞어 ②에 넣는다.
체다치즈도 함께 넣는다.

4 주걱으로 잘 섞은
다음 녹인 버터를 조금씩
넣어가며 섞는다.

5 패닝 · 굽기
매끄럽게 반죽이 되면
잎만 질게 뜯은 백리향을
섞어 머핀컵에 채워
170℃로 예열한 오븐에서
20분간 굽는다.

6 시럽 바르기
다 구워지면 꺼내어
식힌 다음 윗면을 고깔
모양으로 파내고 시럽을
듬뿍 바른다.

7 파낸 고깔에
두부크림을 발라 거꾸로
덮는다. 윗면에 시럽을
다시 바른다.

8 두부크림 장식하기
두부크림으로 윗면을 덮고 짜주머니에 크림을 담아
동글동글하게 짠다. 가운데에 백리향 흰 조각을 꽂아
장식한다.

초코두부크림
바나나컵케이크

컵케이크의 인기가 더해가면서 더 화려한 색으로, 더 화려한 장식으로 쇼케이스가 채워지고
있다. 이 컵케이크를 좀 더 자연친화적으로 만들 수 없을까. 주변에서 쉽게 구할 수 있는
과일과 초코두부크림으로 먹음직스러운 컵케이크를 만들어본다.

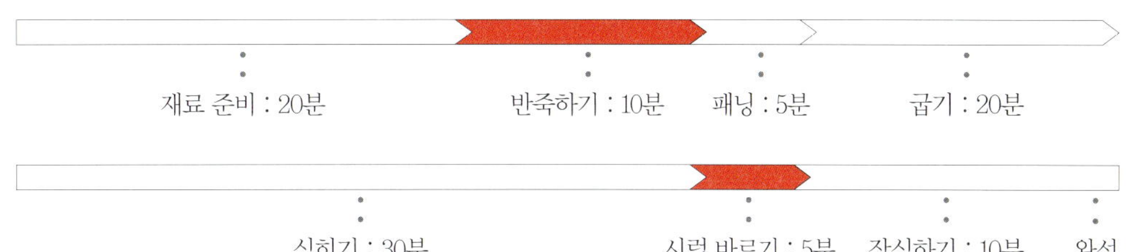

재료 준비 : 20분　　반죽하기 : 10분　패닝 : 5분　굽기 : 20분

식히기 : 30분　　시럽 바르기 : 5분　장식하기 : 10분　완성

ingredients ●

*지름 6cm 머핀 4개 분량

우리밀 통밀가루 100g

베이킹소다 2g

상온에 둔 무염버터 65g

흑설탕 100g

천일염 1g

달걀 1개

으깬 바나나 130g

(큰 바나나 1개 정도)

부재료

초코두부크림(51쪽 참조)

300g

바나나 1개

오렌지 ½개

피스타치오 약간

기본 시럽 적당량

how to make ●

1 반죽하기

볼에 버터, 흑설탕, 소금을 넣고 핸드믹서로 섞어 크림처럼 되면 달걀을 넣고 계속 섞는다.

2 바나나를 대강 으깨어 넣고 핸드믹서로 바나나가 곱게 으깨지도록 섞는다.

3 통밀가루에 베이킹소다를 섞어 ②에 넣고 주걱으로 반죽한다.

4 굽기

반죽을 머핀컵에 80% 정도 떠넣고 180℃로 예열한 오븐에서 20분간 굽는다.

5 시럽 바르기

꺼내어 식힌 다음 윗면을 고깔 모양으로 파내고 시럽을 듬뿍 바른다.

6 떼어낸 고깔에 초코두부크림을 발라 머핀을 덮는다.

7 크림 바르기

윗면에 다시 시럽을 듬뿍 바르고 초코두부크림을 씌운다.

8 장식하기

껍질을 벗긴 오렌지와 바나나를 얹고 피스타치오를 다져 조금 뿌린다.

건강 케이크
well-being cake

두부크림 만들기

유제품을 먹지 않는 채식주의자나 유제품 알레르기가 있는 사람이라면 케이크는 '그림의 떡'일 수밖에 없다. 그러나 이제 케이크를 가까이서 즐길 수 있는 방법이 생겼다. 생크림 대신 두부로 크림을 만드는 것. 순식물성 재료만을 사용해 안심하고 먹을 수 있고 두부의 고소한 맛이 생크림과는 또 다른 매력으로 다가온다. 달지 않아 더 담백한 식물성 케이크를 만들기 위한 기본, 두부크림을 배워본다. 두부크림은 만들어 3일 정도 냉장 보관하며 사용할 수 있다.

ingredients ●

두부 800g
물 200g
아가베시럽 80g
물엿 50g
천일염 2g
바닐라빈 ¼개
가루한천 5g
카놀라유 30g
레몬즙 1개 분량
레몬껍질 간 것 1개 분량

how to make ●

1 두부 끓이기
냄비에 두부를 담고 물을 부어 약한 불에서 10~15분 끓인다.

2 두부 물 빼기
①의 두부를 꺼내 체에 천을 깔고 밭친 뒤 무거운 것으로 눌러 물기를 뺀다.

3 시럽 끓이기
다른 냄비에 물, 아가베시럽, 물엿, 소금을 넣고, 바닐라빈은 씨를 긁어서 줄기까지 함께 넣고 끓인다.

4 한천 녹이기
③이 한소끔 끓으면 바닐라빈 껍질을 건져내고 한천을 넣어 녹인다. 카놀라유를 넣고 섞는다.

5 두부 갈기
푸드 프로세서에 물기 뺀 두부를 담고 레몬즙, 레몬껍질 간 것을 넣어 간다.

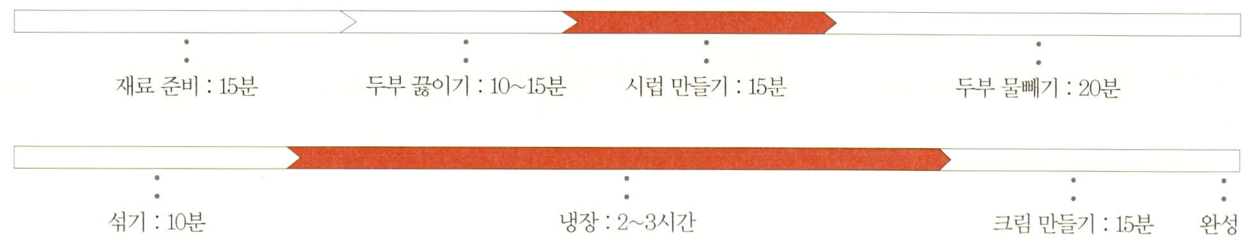

6 시럽 넣기
⑤에 ④를 넣고 계속 곱게 간다.

7 굳히기
랩을 씌워 냉장고에서 2~3시간 굳힌다.

8 두부크림 갈기
⑦이 굳으면 꺼내서 푸드 프로세서에 넣는다.

9 부드러운 크림이 되도록 곱게 간다. 3일 정도 냉장 보관할 수 있다.

두부크림 딸기케이크

새하얀 생크림 대신 두부를 이용해 만든 두부크림으로 딸기케이크를 만든다. 생크림과 같이 아이싱을 할 수 있고 맛도 고소하다. 케이크 스펀지 역시 우유 대신 두유로 만들어 특별하다.

ingredients ●

*지름 18cm 원형틀 1대 분량

전립분 70g

우리밀 밀가루 100g

베이킹파우더 8g

천일염 2g

두유 160g

아가베시럽 100g

오렌지즙 ½개분

오렌지마멀레이드 8g

카놀라유 50g

바닐라에센스 5방울

부재료

딸기 25개

두부크림(44쪽 참조) 800g

딸기잼 50g

나파주 적당량

*나파주 대신 살구잼 30g과 물 15g을 끓여 사용해도 된다.

how to make ●

1 스펀지 반죽하기
볼에 전립분, 밀가루, 베이킹파우더, 소금을 넣고 섞는다.

2 다른 볼에 두유, 아가베시럽, 오렌지즙, 카놀라유, 곱게 다진 오렌지마멀레이드, 바닐라에센스를 모두 넣는다.

3 ②를 거품기로 섞어 ①에 붓는다. ②를 믹서에 부어 갈아서 넣어도 된다.

4 거품기로 저어 멍울이 없도록 매끈하게 반죽한다.

5 유산지 깔기
케이크틀의 바닥과 옆면에 유산지를 깐다.

6 반죽 붓기
틀에 반죽을 모두 붓는다.

7 꼬치로 가운데부터 바깥쪽으로 나선형을 그린다. 반죽이 덩어리지지 않고 기공을 일정하게 해준다. …

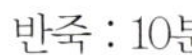

8 굽기

175℃로 예열한 오븐에서 30분간 구운 뒤 틀에서 꺼내 종이를 떼지 말고 식힘망에 얹어 충분히 식힌다.

9 스펀지가 완전히

식으면 옆면과 바닥의 종이를 벗겨낸다.

10 스펀지 단 나누기

윗면을 칼로 살짝 떠내고 2단으로 나눈다.

11 크림 바르기

아랫단에 스패출러를 이용해 딸기잼을 바르고 그 위에 두부크림을 바른다.

baking tip ●

케이크 단을 나눌 때는

스펀지를 2단 또는 3단으로 나눌 때 일정한 두께로 자르는 것이 쉽지 않다. 1cm 두께의 나무 막대 2개를 스펀지 양옆에 놓고 칼이 그 위로 지나가도록 하면 쉽게 썰 수 있다. 썰고 싶은 부분에 이쑤시개를 빙 둘러 꽂고 이쑤시개 위로 칼이 지나가도록 자르는 방법도 있다.

12 딸기를 반으로

썰어 시트 위에 가지런히 놓는다.

13 딸기를 두부크림으로 살짝 덮는다.

14 스펀지 위칸을 뒤집어서 덮는다. 그래야 윗면이 일정하고 고르다.

15 윗면에 다시 시럽을 바른 다음 두부크림을 바른다. 옆면에도 두부크림을 바른다.

16 남은 크림을 스패츌러로 깔끔하게 긁어낸다.

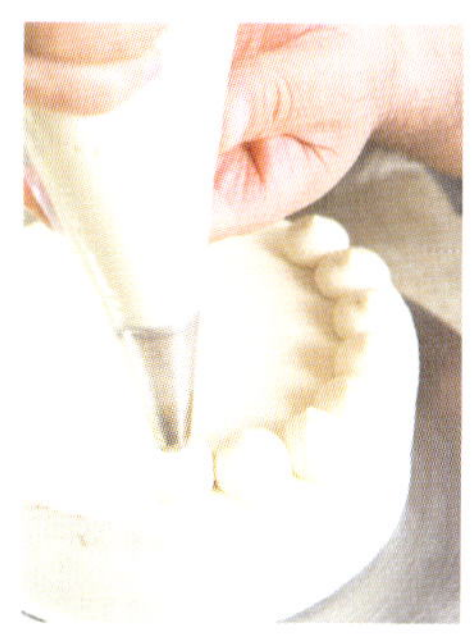

17 짜주머니에 두부크림을 담아 가장자리에 돌아가며 물방울 모양으로 짠다.

18 딸기 장식하기
한가운데에 딸기를 올려 중심을 잡고 가운데부터 돌아가며 딸기를 올린다.

19 작은 짜주머니에 나파주를 담아 딸기 윗면에 조금씩 짠다. 나파주가 딸기를 따라 자연스럽게 흘러내려 광택이 나고 신선함을 유지한다.

20 민트를 얹어 마무리한다.

단밤초콜릿 케이크

두부크림에 코코아파우더를 섞으면 유제품을 넣지 않은 초콜릿크림을
만들 수 있다. 두유를 넣어 구운 초코스펀지케이크도 독특한 맛을 전한다.
밤의 속껍질까지 먹을 수 있는 보늬밤이 영양을 더한다.

ingredients ●

초코스펀지

전립분 40g
우리밀 밀가루 50g
베이킹파우더 4g
베이킹소다 4g
코코아가루 20g
천일염 약간
카놀라유 50g
메이플시럽 120g
오렌지마멀레이드 8g
오렌지즙 ½개 분량
두유 150g
바닐라에센스 3~4방울

초코두부크림

코코아가루 20g
아가베시럽 55g
바닐라에센스 3~4방울
두부크림(44쪽 참조) 450g

장식

보늬밤 250g
금가루 약간

초코크림

코코아가루 16g
아가베시럽 47g

how to make ●

1 초코스펀지 만들기
볼에 전립분, 밀가루,
코코아가루, 베이킹
파우더, 베이킹소다,
소금을 넣는다.

2 손으로 고루 섞는다.

3 믹서에 두유,
메이플시럽,
오렌지즙, 카놀라유,
오렌지마멀레이드,
바닐라에센스를 넣고
곱게 간다.

4 ③을 ②에 붓는다.

5 거품기로 고루 섞어
반죽한다.

6 사각틀에 종이를 깔고 반죽을 붓는다. 스크래퍼로
반죽을 가장자리까지 일정하게 펼친다.

7 200℃로 예열한
오븐에서 10분간 굽는다.
…▶

9 거품기로 저어
섞는다.

10 ⑨에 두부크림을
넣고 거품기로 섞는다.

11 두부크림과 초코
크림이 섞여 한 가지 색이
될 때까지 충분히 섞어
초코두부크림을 만든다.

8 초코두부크림 만들기
볼에 코코아가루, 아가베시럽, 바닐라에센스를
넣는다.

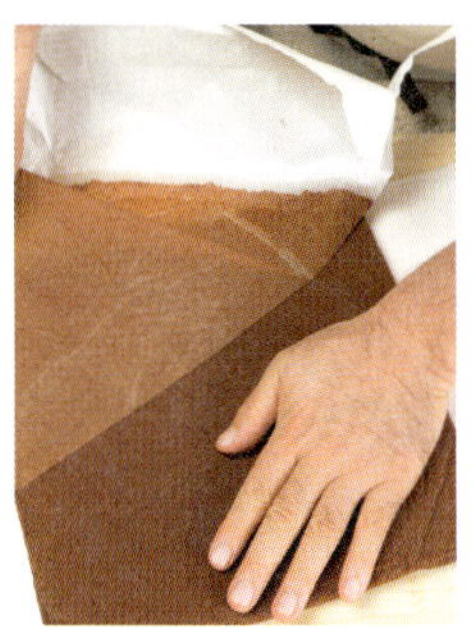

12 스펀지 자르기
⑦의 초코스펀지가 다
식으면 종이를 벗겨낸다.

13 4등분하여 같은
크기로 4장을 만든다.

14 케이크 만들기
스펀지 한 장을 깔고
초코두부크림을 얇게
바른다.

15 보늬밤을 4등분하여 군데군데 놓은 다음
초코두부크림을 살짝 덮는다.

16 스펀지 한 장을 덮고 같은 방법으로 층을 쌓는다.

17 네 번째 스펀지를 올리고 윗면에 초코두부크림을 덮는다.

18 가장자리 자르기
가장자리를 칼로 말끔하게 자른다.

19 케이크 장식하기
윗면에 보늬밤을 올리고 초코크림을 짜주머니에 담아 사이사이에 짠다.

20 아가베시럽과 코코아가루를 섞어 가니시를 만들어 짜주머니에 담아 보늬밤과 크림 사이에 짠다.

21 밤 위에 금가루를 얹는다.

baking tip ●

케이크는 만든 다음 날이 더 맛있다
시트 사이에 크림과 부재료가 들어가는 케이크는 만든 다음 날 재료들이 자리를 잡아야 안정된다. 가장자리를 썰어내거나 케이크를 조각으로 자를 때는 만들어서 바로 썰지 말고 냉장고에 3~4시간 넣어두었다가 썰어야 깨끗하다. 만든 지 반나절쯤 지나면 케이크 시트가 촉촉해져 맛도 더 좋다.

과일롤케이크

반죽에 들어가는 오렌지주스와 오렌지마멀레이드, 바닐라에센스는
잡냄새를 없애고 향을 좋게 한다. 두유와 두부를 빵에 넣으면 자칫 콩의
비릿한 맛이 날 수 있는데 이것을 오렌지와 바닐라가 없애준다.

재료 준비 : 20분   반죽 : 10분   패닝 : 5분   굽기 : 10분

식히기 : 30분   롤 말기 : 15분   완성

ingredients ●

*30×40cm 사각틀 1대 분량

스펀지

우리밀 밀가루 150g

전립분 80g

베이킹파우더 12g

천일염 2g

카놀라유 60g

두유 200g

메이플시럽 150g

오렌지즙 1개 분량

오렌지껍질 간 것

1개 분량

바닐라에센스 3~4방울

부재료

라즈베리잼 80g

두부크림(44쪽 참조) 600g

오렌지 · 키위 · 딸기

적당량씩

슈거파우더 직딩량

how to make ●

1 액체 섞기

믹서에 두유, 메이플시럽, 오렌지즙, 오렌지껍질 간 것, 바닐라에센스, 카놀라유를 넣고 뽀얗게 거품이 생길 때까지 곱게 간다.

2 반죽하기

볼에 밀가루와 전립분, 소금, 베이킹파우더를 섞고 ①을 부어 거품기로 멍울 없이 매끈하게 섞는다.

3 패닝 · 굽기

사각틀에 종이를 깔고 반죽을 부어 스크래퍼로 가장자리까지 잘 펼친 다음 200℃로 예열한 오븐에서 10분간 구워 꺼내서 식힌다.

4 잼 바르기

완전히 식으면 종이를 떼어내고 뒤집어 라즈베리잼을 바른다. 종이를 떼어낸 쪽이 매끈하므로 겉으로 나오게 한다.

5 크림 바르기

④에 두부크림을 고루 바른다.

6 과일 올리기

오렌지, 딸기, 키위 등 원하는 과일을 작게 잘라 올리고 두부크림을 덧바른다.

7 롤 말기

종이를 살짝 들어 올려 김밥 말듯 돌돌 만다.

8

종이로 감싸 속재료가 자리 잡도록 매만진 뒤 3~4시간 냉장고에 넣어두면 내용물이 안정적으로 자리 잡는다.

9 장식하기

종이를 벗기고 1cm 폭으로 자른 종이를 비스듬히 일정한 간격으로 놓은 다음 슈거파우더를 뿌리고 종이만 살짝 들어낸다.

녹차두부크림 롤케이크

우유를 잘 소화하지 못하는 사람도 안심하고 먹을 수 있는 케이크.
반죽에는 두유를 넣고, 롤케이크의 크림은 두부로 만들었다.
녹차가루를 넣어 은은한 녹차 향이 나고 달콤한 팥배기는 녹차와 잘 어우러진다.

ingredients ●

우리밀 밀가루 150g
전립분 70g
녹차가루 10g
베이킹파우더 12g
카놀라유 60g
아가베시럽 150g
레몬껍질 간 것 1개 분량
레몬즙 1개 분량
천일염 2g
두유 200g
바닐라에센스 3~4방울

부재료

두부크림(44쪽 참조) 500g
팥배기 150g
기본 시럽 적당량

레몬

레몬은 비타민 C는 물론, 구연산이 풍부해 피로회복을 돕고, 면역력을 높여준다. 제과제빵에 자주 사용하는데 적은 양도 맛에 큰 역할을 한다. 특유의 강한 신맛이 비린 맛과 잡맛을 잘 잡아주고 향긋한 향을 내주기 때문이다. 특히 두유나 두부 등 콩류를 넣을 때 콩 비린내를 효과적으로 없앨 수 있다. 레몬은 고운 간판에 겉이 노란 껍질만 갈아서 넣기도 하고 반을 갈라 즙을 내어 넣기도 한다. 굵은 소금으로 겉을 문지르고 흐르는 물에 씻어서 쓴다. 수입산이 꺼려지면 제주도에서 재배한 친환경 레몬도 구할 수 있다.

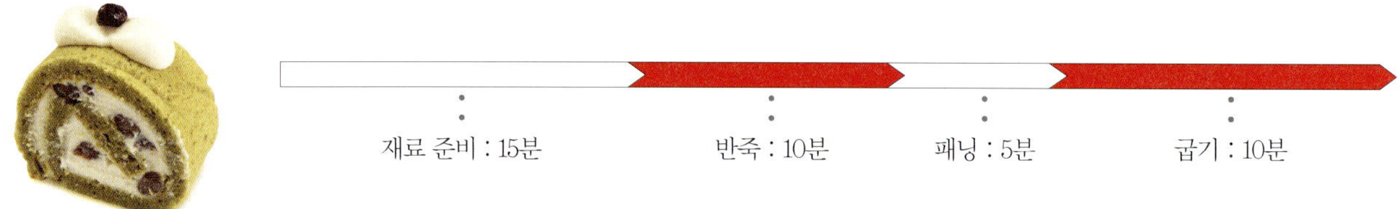

재료 준비 : 15분　　　　반죽 : 10분　　　　패닝 : 5분　　　　굽기 : 10분

how to make ●

1 레몬은 껍질을 강판에 갈아 따로 준비하고, 반을 잘라 즙을 낸다.

2 반죽하기
볼에 아가베시럽, 카놀라유, ①의 레몬즙과 레몬껍질 간 것, 두유, 소금, 바닐라에센스를 넣고 거품기로 섞는다.

3 다른 볼에 밀가루, 전립분, 녹차가루, 베이킹파우더를 넣고 섞는다.

4 ②에 ③을 넣고 거품기를 이용해 멍울 없이 고루 섞는다.

5 패닝
바닥이 타지 않게 사각틀을 2장 겹치고 종이를 깐 뒤 ④를 붓는다.

6 굽기
반죽이 끝까지 고루 퍼지도록 스크래퍼로 펼친다. 200℃로 예열한 오븐에서 10분간 굽는다.

baking tip ●

믹서를 이용해 반죽하기
케이크 반죽은 액체를 먼저 섞고 가루를 섞는데, 액체를 섞을 때 가정용 믹서를 이용하면 반죽을 쉽게 할 수 있다. 믹서에 시럽류와 기름, 두유, 우유, 물, 레몬즙, 주스 등 액체로 된 재료들을 모두 넣고 한꺼번에 간 다음 가루에 부어 반죽한다. 믹서를 이용하면 기름 입자가 곱게 부서져 더 균일한 반죽이 된다.

7 시럽 바르기
꺼내어 식힌 다음 종이를
벗겨내고 시럽을 바른다.

8 크림 바르기
스패출러를 이용해
두부크림을 바른다.

9 가장자리를
스패출러로 살짝
찍어놓으면 가장자리가
말라서 갈라지지 않는다.

10 팥배기를 고루
뿌린다.

11 롤 말기
바닥에 깔려 있는 종이를
이용해 김밥 말 듯이
동그랗게 만다.

12 종이로 감싼 채
손으로 잘 매만져
냉장고에 3~4시간
넣어둔 뒤 원하는 크기로
썰어서 낸다.

매끈한 롤케이크를 만들려면
넓은 롤케이크 시트는 식은 다음 종이를 떼어
내고 종이를 떼어낸 면이 아래로 가도록 놓고
시럽과 크림을 바른다. 이렇게 하면 종이를 떼
어낸 쪽이 케이크의 겉으로 나오게 되어 말았
을 때 표면이 일정하고 매끄럽게 된다. 또한 구
울 때 열을 직접 받아 윗면이 더 단단하기 때문
에 롤을 말 때도 종이를 떼어낸 쪽이 바깥쪽으
로 가야 탄력 있게 잘 말린다.

두유시폰

베이킹파우더를 넣지 않고 달걀흰자의 힘으로 한껏 부풀어 올린 케이크.
단단하게 거품을 낸 달걀흰자가 폭신하고 부드러운 질감을 내는
일등공신이다. 버터 대신 식물성 기름으로, 우유 대신 두유로
감촉이 뛰어난 시폰케이크를 만든다.

ingredients ●

* 지름 17cm 시폰틀 1대 분량

달걀노른자 5개
유기농설탕 30g
카놀라유 30g
두유 50g
우리밀 밀가루 70g
전분 10g

머랭

달걀흰자 5개
유기농설탕 40g

시폰케이크틀

시폰케이크틀은 일반 케이크틀과 모양
이 다르다. 가운데가 기둥처럼 높이 올
라와 있고, 바닥은 옆면과 분리된다. 시
폰 반죽의 특성상 코팅되어 있으면 벽을
따라 반죽이 올라갈 수 없기 때문에 코
팅되어 있지 않다. 다 구운 후 떼어낼 때
도 다른 케이크와 달리 칼로 옆면을 긁
어내야 틀에서 빠진다. 가운데 기둥처럼
올라온 부분은 뜨거운 케이크를 식힐 때 뒤집어놓기 위해서다.
뒤집어서 식히면 식으면서 케이크가 푹 꺼져들어가는 것을 방지
할 수 있다.

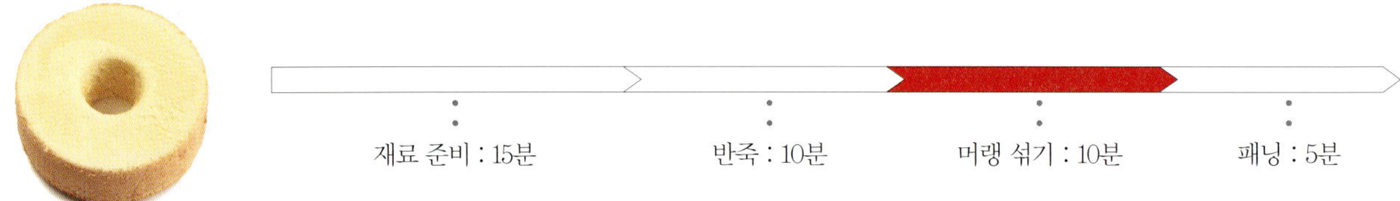

how to make ●

1 달걀노른자 풀기
볼에 설탕과
달걀노른자를 넣어
거품기로 섞는다.
달걀노른자는 미리
풀어서 넣어야 엉기지
않는다.

2 ①에 카놀라유를 넣고
거품기로 섞고 두유를
두 번에 나누어 넣고
섞는다.

3 가루 넣기
다른 볼에 밀가루와
전분을 섞어 ②에 넣고
매끈하게 섞는다.

4 머랭 만들기
달걀흰자에 설탕을 ⅓만 넣고 거품을 내기 시작한다.
처음에 강하게 치댄다. 설탕을 조금 넣는 이유는
거품을 안정적으로 올라오게 하기 위해서다.

5 거품이 70% 정도
올라오면 속도를
중간으로 줄이고 설탕을
조금씩 넣어가며 거품을
낸다.

6 설탕이 모두 섞이면 다시 세게 했다가 속도를
낮춰 저속으로 섞는다. 저속으로 돌리면 공기 기공이
조밀하고 일정해진다. 머랭이 완성된다.

7 머랭과 반죽 섞기
머랭의 ⅓을 떠서 ③의
반죽에 넣고 거품기로
섞는다.

9 나머지 머랭을 모두 넣고 확실히 섞는다.

10 패닝
시폰틀에 물 스프레이를 촉촉하게 뿌리고 반죽을 붓는다.

11 굽기
170℃로 예열한 오븐에서 30분간 굽는다.

8 흰 머랭과 노란 반죽이 섞여 한 가지 색이 되면 남은 머랭의 반을 넣고 섞는다.

12 뒤집어 식히기
다 구워지면 꺼내어 뒤집어 세워놓고 식힌다. 그래야 빵이 식으면서 꺼지지 않는다.

13 틀에서 빼내기
케이크가 다 식으면 얇은 칼로 옆면을 도려낸다.

14 위로 들어서 틀에서 빼낸다.

15 아랫면과 기둥 쪽 역시 칼로 긁어낸 다음 틀에서 빼낸다.

baking tip ●

안정적으로 패닝하기
반죽을 틀에 붓고 고무주걱이나 꼬치를 이용해 반죽 안에 원을 그리듯 한 바퀴 돌리면 기공이 일정해지고 반죽이 안정된다. 일반 케이크 반죽을 구울 때도 마찬가지.

녹차시폰

그리 달지도 않고 속살이 보들보들한 시폰은 우리나라에서 꾸준한 인기를 얻고 있는
케이크. 한 조각 자르면 두세 명이 나눠 먹을 정도로 크기가 넉넉하다. 고운 말차용
녹차가루를 넣어 은은한 녹차 향이 배어나는 심플한 케이크를 만들어본다.

ingredients ●

달걀노른자 5개
유기농설탕 30g
카놀라유 30g
두유 50g
우리밀 밀가루 65g
전분 10g
녹차가루 5g

머랭

달걀흰자 5개
유기농설탕 45g

how to make ●

1 반죽하기
볼에 달걀노른자를 넣고
거품기로 푼다.

2 설탕을 넣고 설탕이
녹을 때까지 섞는다.

3 카놀라유와 두유를
차례로 넣으며 섞는다.

5 ④의 가루를 ③에
붓고 거품기로 섞는다.
…

4 밀가루에 전분과 녹차가루를 넣고 손으로 섞는다.

baking tip ●

머랭을 반죽에 섞을 때는
시폰은 머랭의 힘으로 부푸는 케이크다. 머랭
을 반죽에 넣을 때 애써 만든 머랭이 다 꺼져버
리면 케이크도 힘없이 가라앉고 만다. 머랭을
넣을 때는 3등분하여 나눠 넣는데, 섞을 때 거
품기를 눕혀서 잡고 반죽을 아래에서 위로 올
리듯 섞는다. 거품기를 있는 힘껏 저으면 거품
이 사그라들므로 주의한다. 거품기를 눕혀 잡
고 섞으면서 그릇을 함께 돌리면 고루 섞을 수
있다.

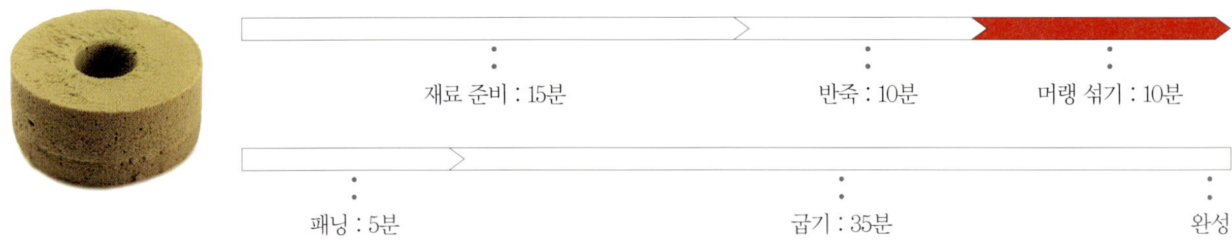

how to make ●

6 뽀얗게 색이 흐려질 정도로 충분히 섞는다.

7 머랭 만들기
다른 볼에 달걀흰자를 넣고 핸드믹서로 거품을 낸다. 거품이 올라오면 설탕을 분량의 ½을 넣고 계속 거품을 낸다.

8 설탕을 마저 넣고 단단한 머랭을 만든다(머랭 만들기는 오른쪽 페이지 참조).

9 머랭 섞기
⑥에 머랭을 분량의 ⅓을 넣고 거품기로 섞는다.

10 완전히 섞이면 다시 ⅓을 넣고 섞는다.

11 모두 섞여서 머랭과 반죽이 한 가지 색이 되면 나머지 머랭을 넣고 고루 섞는다.

12 패닝 · 굽기
틀에 물 스프레이를 뿌리고 반죽을 부은 뒤 160℃로 예열한 오븐에서 35분간 굽는다.

13 틀에서 빼기
다 구워지면 뒤집어 세워 식혔다가 깨지지 않게 조심해서 틀에서 빼낸다.

머랭 만들기

시폰케이크는 이스트도 베이킹파우더도 넣지 않고 머랭의 힘으로
부푼다. 머랭은 주걱으로 잘라서 뜨면 뚝뚝 잘라질 정도로
단단해야 하고, 반죽과 섞어도 거품이 꺼지지 않고 남아 있도록
조직이 조밀해야 한다. 잘 만든 머랭으로 집에서도 제과점에서
만든 것처럼 한껏 부푼 케이크를 만들어본다.

그릇을 뒤집어도 떨어지지 않고 뚝뚝 잘라질 정도로 단단하다.

1 핸드믹서를 저속으로
하여 거품을 내기
시작한다. 기울여 들면
거품이 전체적으로
올라온다.

2 그릇 가득 성글게
거품이 올라오면 설탕을
분량의 ⅓을 넣는다.

3 저속으로 계속
1~2분간 돌려 거품을
조밀하게 만든다.

4 나머지 설탕을 넣고
속도를 올려 1~2분간 더
돌린다.

5 핸드믹서를 세워
그릇 전체로 이동시키며
돌리면 전체적으로
균일한 거품을 낼 수
있다.

스테인리스 볼을 쓰는 이유

간혹 플라스틱 볼에 거
품을 내면 거품이 단단
해지지 않는 경우가 있
다. 이는 플라스틱 표면
의 미세한 틈에 있던 기
름성분 때문으로, 달걀
흰자는 기름이 조금만
섞여도 거품이 잘 올라오지 않는다. 머랭을 만
들 때 깨끗한 스테인리스 볼을 쓰는 것도 같은
이유다. 그릇과 도구를 깨끗하게 준비하고 노
른자가 들어가지 않게 주의한다.

초코마블시폰

두유를 넣어 기본 시폰 반죽을 만들고, 반죽을 조금 남겨 초콜릿을 섞은 다음
틀에 부을 때 두 가지를 섞어 자연스러운 마블 모양을 만든다.
너무 덜 섞어도, 너무 많이 섞어도 모양이 예쁘지 않으니 잘 조절한다.

ingredients ●

달걀노른자 5개
유기농설탕 35g
카놀라유 30g
두유 30g
우리밀 밀가루 70g
전분 10g

초콜릿 반죽

코코아가루 10g
두유 10~20g

머랭

달걀흰자 5개
유기농설탕 45g

두유

케이크는 유당불내증이 있는 사람은 특
히 먹기 힘들다. 생크림을 얹지 않고 우
유 대신 두유를 넣어 만들면 이런 사람
도 먹을 수 있는데, 최근에는 우유의 안
전성이 문제가 되면서 일반인도 종종 찾
는다. 두유를 빵에 쓸 때는 설탕을 첨가
하지 않은 제품이 좋고, 구하기 어려울
때는 단맛이 강하지 않은 제품을 골라 사용한다.

재료 준비 : 15분   반죽 : 10분   머랭 섞기 : 10분

how to make ●

1 반죽하기
달걀노른자를 풀고
설탕을 넣고 섞는다.

2 카놀라유를 섞은 다음
두유를 넣고 섞는다.

3 밀가루에 전분을
섞어 ②에 붓고 거품기로
매끈하게 섞는다.

4 초콜릿 반죽 준비
작은 볼에 코코아가루를
넣고 두유를 부어
섞어놓는다.

5 머랭 만들기
큰 볼에 흰자를 넣고
핸드믹서로 거품을 내어
머랭을 만든다. 설탕을
두 번에 나눠 넣고
단단하게 만든다(머랭
만드는 법은 67쪽 참조).

6 머랭 섞기
③에 ⑤의 머랭을 분량의
⅓을 넣고 거품기로
섞는다.

7 완전히 섞이면 남은 머랭의 반을 넣고 다시 섞는다.

8 남은 머랭을 모두
넣고 거품이 꺼지지
않도록 거품기를 눕혀
반죽을 아래서 위로
올리듯 돌리며 섞는다.

9　패닝
틀에 물 스프레이를
뿌리고 ⑧의 반죽을
¼정도 남기고 붓는다.

10　남은 반죽에 ④의
초콜릿 반죽을 섞는다.

11　시폰틀에 ⑩의
반죽을 빙 둘러 붓는다.

12　주걱을 군데군데 넣었다가 빼가며 아래 반죽과
초콜릿 반죽을 섞는다.

13　스패출러나 나무
젓가락으로 가운데를
동그랗게 돌려 반죽이
안정적으로 자리 잡게
한다.

14　굽기 · 식히기
160℃로 예열한 오븐에서
35분간 굽고 꺼내어
뒤집어 세워놓고 식힌다.

15　틀에서 빼기
윗면을 손으로 살짝 눌러
옆면이 틀에서 떨어지면,
뒤집어 빼고 스패출러로
바닥을 떼어낸다. 틀에서
케이크를 분리한다.

틀에 물 스프레이 뿌리기

베이킹파우더나 베이킹소다를 넣지 않고 만드는 시폰케이크는 달걀흰자로 만든 머랭의 힘으로 부푸는 케이크다. 반죽이 오븐 안에서 열을 받으면 케이크틀을 따라 올라가는데, 이때 기름 성분이 있으면 부푸는 힘이 줄어든다. 따라서 시폰케이크는 코팅되지 않은 틀을 쓰고, 기름칠하지 않는다. 대신 반죽을 붓기 전에 물 스프레이를 고루 뿌린다.

복분자시폰

물에 희석해서 음료로 마시는 복분자 진액을 이용한 케이크로 복분자의 영양과 맛을 케이크로 경험할 수 있다. 석류즙이나 다른 진액도 사용할 수 있다. 복분자 진액을 넣어 빵을 구우면 청자색이 남아 색이 유독 곱다.

ingredients ●

달걀노른자 5개
유기농설탕 30g
카놀라유 30g
복분자즙 60g
우리밀 밀가루 70g
전분 10g

머랭
달걀흰자 5개
설탕 45g

baking tip ●

시폰케이크에 어울리는 장식하기
시폰케이크는 일반적으로 생크림을 거품 내어 케이크 전체를 덮는다. 설탕과 럼을 약간 넣어 생크림을 80% 정도 거품 낸 다음 스패출러를 이용해 아이싱하면 된다. 또는 아이싱하지 않고 먹을 때 한 조각 잘라서 거품 낸 크림을 한 스푼 얹어 내기도 한다. 이때는 냉동 라즈베리나 블루베리 등 베리류를 곁들이면 잘 어울린다. 작은 체를 이용해 슈거파우더나 코코아가루를 뿌려도 좋다.

how to make ●

1 반죽하기
볼에 달걀노른자를 거품기로 풀고 설탕을 넣어 설탕이 녹을 때까지 섞는다.

2 카놀라유를 넣고 섞는다.

3 복분자즙을 넣고 섞는다.

4 복분자즙이 달걀과 완전히 섞이고 약간 거품이 나도록 충분히 섞는다.

5 밀가루에 전분을 섞어 ④에 붓고 거품기로 매끈하게 반죽한다. …

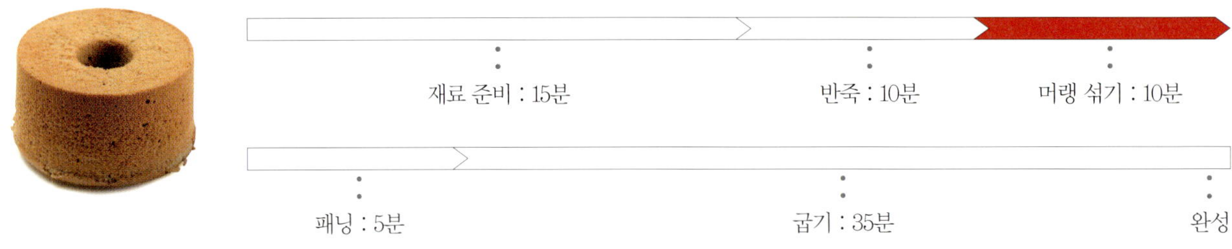

how to make ●

6 머랭 만들기
다른 볼에 달걀흰자를
넣고 핸드믹서로 거품을
낸다. 설탕의 ½을 넣고
거품을 더 낸다(67쪽
참조).

7 나머지 설탕을 넣고
1~2분간 더 거품을 내어
미세하고 단단한 머랭을
만든다.

8 머랭 섞기
⑤의 반죽에 ⑦의 머랭을
분량의 ⅓을 넣고
거품기로 섞는다.

9 완전히 섞이면 다시
남은 머랭의 반을 넣고
섞는다.

10 남은 머랭을 모두
넣고 거품기를 눕혀서
거품이 꺼지지 않게
조심하며 모두 섞는다.

11 패닝
틀에 물 스프레이를 뿌리고 반죽을 붓는다.

12 굽기
가운데를 주걱으로
동그랗게 저어 반죽이
안정적으로 자리 잡게
하여 160℃로 예열한
오븐에서 35분간 굽는다.

13 틀에서 빼기
꺼내어 뒤집어 세워놓고
식힌 뒤 틀에서 빼낸다.

상처 나지 않게
틀에서 빼는 법

시폰을 성공적으로 구웠으면 틀에서 깔끔하게 빼내야
비로소 케이크가 완성된다. 시폰을 틀에서 뺄 때는
가장자리를 얇은 스패츌러나 칼을 돌려서 빼기도 하는데,
자칫 케이크에 상처가 날 수 있다. 시폰이 탄력 있게
잘 구워지면 손으로 눌러 틀과 케이크 사이를 벌려 떼어낼 수
있다. 이렇게 하면 빼기도 쉽고 표면이 깔끔하다.
단, 케이크가 완전히 식은 다음에 빼내야 깨지지 않는다.

틀을 들어내면 케이크만 깨끗하게 분리된다.

1 잘 구워진 시폰을
오븐에서 꺼낸다.

2 뒤집어 세워놓고
식힌다. 시폰케이크
틀은 가운데에 원기둥이
길쭉하게 올라와 있어
세워서 식힐 수 있다.

3 케이크가 완전히
식으면 윗면을 손으로
잡고 틀과 케이크 사이를
벌린다. 케이크를 원의
중심 쪽으로 눌러 당기면
틀에서 떨어진다.

4 뒤집어서 틀을 뺀다.
밑면은 스패츌러를
이용해 빙 둘러서
긁어내듯 떨어뜨린다.

두부치즈케이크

칼로리가 높은 치즈의 양을 줄이기 위해 두부와 치즈를 함께 넣었다. 두부의 질감이
부드럽고 고소해 치즈케이크의 맛은 유지하면서도 칼로리를 낮출 수 있다.
일반 치즈케이크보다 좀 더 촉촉하다.

재료 준비 : 15분 　 시트 만들기 : 10분 　 반죽 : 15분 　 패닝 · 굽기 : 30분 　 완성

ingredients ●

*지름 18cm 원형틀 1대 분량
크림치즈 250g
두부 200g
메이플슈거 80g
상온에 둔 무염버터 30g
달걀 2개
두유 50g
옥수수전분 20g
우리밀 밀가루 30g
바닐라에센스 3~4방울

케이크 시트
유기농비스킷 80g
상온에 둔 무염버터 30g

how to make ●

1 시트 만들기
볼에 유기농비스킷을
넣고 방망이로 으깬 다음
버터를 넣고 손으로
조물조물 섞는다.

2 버터칠한 틀에 ①을
넣고 손으로 다져 고르게
깐다.

3 반죽하기
볼에 크림치즈와 메이플슈거를 넣어 손으로 주물러
섞고 버터를 넣어 섞는다.

4 두부를 살게 살라 손으로 으깨어 넣고 서품기로
섞는다. 또는 믹서를 이용한다.

5 달걀을 하나씩
넣어가며 섞는다.

6 옥수수전분, 밀가루,
바닐라에센스를 넣고
섞은 다음 두유를 조금씩
부어가며 섞는다.

7 패닝 · 굽기
틀에 반죽을 붓고
170℃로 예열한 오븐에서
30분간 굽는다.

금귤타르트

두유의 고소한 맛과 금귤의 새콤한 맛이 잘 어우러진 타르트다.
반죽을 따로 굽지 않아 타르트 만드는 번거로움을 줄였다. 아몬드크림으로
속을 채워 한 조각만 먹어도 든든하므로 나른한 오후, 충전용 간식으로 좋다.

ingredients ●

*지름 21cm 타르트틀 1대 분량

금귤통조림 ½통

타르트 반죽

우리밀 밀가루 140g

제빵용 현미쌀가루 40g

채종유 50g

아가베시럽 60g

두유 50g

아몬드크림

아몬드가루 100g

전립분 45g

베이킹파우더 5g

천일염 1g

카놀라유 60g

아가베시럽 100g

두유 50g

바닐라에센스 4방울

재료 준비 : 20분   타르트시트 만들기 : 20분

how to make ●

1 타르트시트 만들기
볼에 밀가루와
현미쌀가루를 넣고
섞는다.

2 다른 볼에 두유,
아가베시럽, 채종유를
넣고 거품기로 매끄럽게
섞는다.

3 두유에 기름이 유화되면서 걸쭉하게 섞인다.

4 ③을 ①에 붓고
주걱으로 섞는다.

5 대강 섞이면 반죽대에
쏟아 손으로 반죽한다.

6 반죽이 한 덩어리가
되도록 뭉친다.

7 반죽대에 덧가루를
넉넉히 뿌리고 반죽을
얇게 민 다음 파이틀에
얹는다.

8 반죽을 파이틀 가장자리에 밀착시키고 밀대로
윗면을 밀어 여분을 잘라낸다.

9 가장자리를 손으로 꼭꼭 눌러 다듬고 포크로
군데군데 구멍을 낸다.

10 아몬드크림 만들기
볼에 아몬드가루,
전립분, 베이킹파우더,
소금을 넣고 섞는다.

11 다른 볼에 카놀라유,
아가베시럽, 두유,
바닐라에센스를 넣고
거품기로 잘 섞는다.

12 ⑩에 ⑪을 붓고
섞는다.

13 성형
⑨의 파이틀에 ⑫의
아몬드크림을 붓는다.

14 굽기
금귤을 고루 올려 175℃로 예열한 오븐에서 25분간
굽는다.

baking tip ●

타르트 반죽에 공기 구멍을 내는 이유
타르트나 파이를 구울 때는 틀에 시트 반죽을
잘 밀착시켜야 한다. 바닥은 물론, 옆면까지
공기가 들어간 곳이 없이 밀착되어 있어야 구
울 때 갈라지거나 터지지 않는다. 공기가 들어
가면 열에 의해 팽창해 시트가 예쁘게 구워지
지 않는다. 옆면은 손으로 꼼꼼하게 눌러 붙이
고 밑면은 포크로 촘촘히 구멍을 낸다.

사과타르트

시트를 따로 굽는 것이 아니라 속까지 채워 한 번만 구워내는 타르트다.
윗면에 듬뿍 얹는 사과도 전처리 과정 없이 채칼로 간편하게 썰어 올리고
설탕을 뿌려 굽는다. 따뜻할 때 먹으면 만든 사람의 정성을 느낄 수 있는
홈메이드 타르트.

재료 준비 : 20분　　　　타르트시트 만들기 : 20분

아몬드크림 만들기 : 5분　　　성형 : 10분　　　굽기 : 30분　　　완성

ingredients ●

*지름 15cm 타르트틀 2대 분량
사과 1½개
유기농설탕 적당량

타르트 반죽
우리밀 밀가루 140g
제빵용 현미쌀가루 40g
채종유 50g
아가베시럽 60g
두유 50g

아몬드크림
아몬드가루 100g
전립분 45g
베이킹파우더 5g
천일염 1g
카놀라유 60g
아가베시럽 100g
두유 50g
바닐라에센스 4방울

how to make ●

1 타르트 반죽 만들기
볼에 아가베시럽,
채종유. 두유를 넣어
거품기로 섞고. 밀가루와
현미쌀가루를 섞어 넣어
반죽한다.

2 ①을 반죽대에 쏟아
한 덩어리로 뭉쳐 밀대로
민 다음 타르트틀에
씌운다.

3 가장자리를 스크래퍼나
칼로 잘라낸다.

4 손가락 끝을 이용해
가장자리에 주름을
만들고 바닥에 포크로
여러 군데 구멍을 낸다.

5 아몬드크림 만들기
볼에 아가베시럽.
카놀라유, 소금, 두유,
바닐라에센스를 넣고
거품기로 충분히 섞는다.

6 아몬드가루. 전립분.
베이킹파우더를 섞어
⑤에 붓고 주걱으로
섞는다.

7 타르트 속 채우기
④의 틀에 ⑥의
아몬드크림을 붓고
사과를 얇게 채썰어 듬뿍
올린다.

8 굽기
사과 위에 설탕을 고루 뿌리고 170℃로 예열한
오븐에서 30분간 굽는다.

잣타르트

가을에 딴 국산 잣을 듬뿍 얹어서 구우면 잣이 씹힐 때마다 고소한 맛이
입안 가득 퍼진다. 잣은 오븐에 구우면 고소한 맛이 살아나 더 맛있다.
노릇하고 먹음직스럽게 구워 어른들에게 선물하기에도 좋은 메뉴다.

ingredients ●

*지름 15cm 타르트틀 2대 분량

잣 115g
우리밀 밀가루 15g
무염버터 30g
꿀 20g
물엿 20g
유기농설탕 25g
생크림 20g

타르트 반죽

우리밀 밀가루 140g
제빵용 현미쌀가루 40g
채종유 50g
아가베시럽 60g
두유 50g

아몬드크림

아몬드가루 100g
전립분 45g
베이킹파우더 5g
천일염 1g
카놀라유 60g
아가베시럽 100g
두유 50g
바닐라에센스 4방울

잣

불포화지방산이 풍부한 잣은 영양가가
높아 예부터 몸이 허약한 사람이나 회복
기 환자의 영양식으로 애용해왔다. 비타
민 E의 보고이기도 하여 노화방지와 피
부미용에도 좋은데, 100g에 665kcal로
열량이 높으므로 많이 먹어서는 안 된
다. 잣은 서양에서도 건강식 재료로 많
이 사용된다. 빵이나 케이크에 넣을 때는 오븐이나 프라이팬에
겉이 노릇노릇할 정도로 살짝 구워 넣으면 더욱 고소하다.

재료 준비 : 20분   타르트틀 만들기 : 20분   아몬드크림 만들기 : 5분

how to make ●

1 타르트 반죽 만들기
볼에 아가베시럽,
채종유, 두유를 넣어
거품기로 섞고, 밀가루와
현미쌀가루를 섞어 넣어
반죽한다.

2 ①을 반죽대에
쏟아 한 덩어리로
뭉치고 밀대로 민 다음
타르트틀에 씌운다.

3 가장자리를 스크래퍼나 칼로 잘라낸다.

4 손가락 끝을 이용해
가장자리에 주름을
만들고 바닥에 포크로
여러 군데 구멍을 낸다.

5 아몬드크림 만들기
볼에 아가베시럽,
카놀라유, 소금, 두유,
바닐라에센스를 넣고
거품기로 곱게 섞는다.

6 다른 볼에
아몬드가루, 전립분,
베이킹파우더를 섞어
⑤에 붓고 주걱으로
섞는다.

7 타르트 속 채우기
④의 틀에 ⑥의
아몬드크림을 채운다.

8 윗면을 평평하게 하여 170℃로 예열한 오븐에서
30분간 굽는다.

9 꼬치로 찔러보아 묻어나지 않으면 다 익은 것이다.
그대로 꺼내 식힌다.

10 잣 필링 만들기
프라이팬에 버터, 꿀,
물엿, 설탕, 생크림을
넣고 끓인다.

11 잣에 밀가루를 넣고
버무린다.

12 ⑩에 ⑪의 잣을 붓고
바글바글 끓인다.

13 ⑨의 타르트에 ⑫의
잣 필링을 얹고 고루
펼친다.

14 200℃로 예열한 오븐에서 7~8분간 굽는다.

baking tip ●

타르트틀
제과제빵 재료상에 가면 여러 모양의 타르트
틀을 구할 수 있다. 옆면이 주름진 것, 주름지
지 않은 것, 바닥이 떨어지는 것, 바닥이 떨어
지지 않는 것 등 종류가 다양한데 굳이 모양을
따지지 말고 원하는 것을 고른다. 도자기로 된
것은 오븐에 사용할 수 있는지 확인하고 사용
하도록 한다.

분위기 업 시켜주는 오후의 디저트

두부크림
딸기타르트

타르트를 구워 몸에 좋은 두부크림과 신선한 딸기를 얹어 디저트를 만든다.
아몬드 크림의 고소한 맛이 기분 좋은 단맛을 준다. 딸기에 나파주나 잼을 발라 광택을
줘도 되지만 집에서 만들어 바로 먹는다면 신선한 딸기를 그대로 맛보는 것이 좋다.

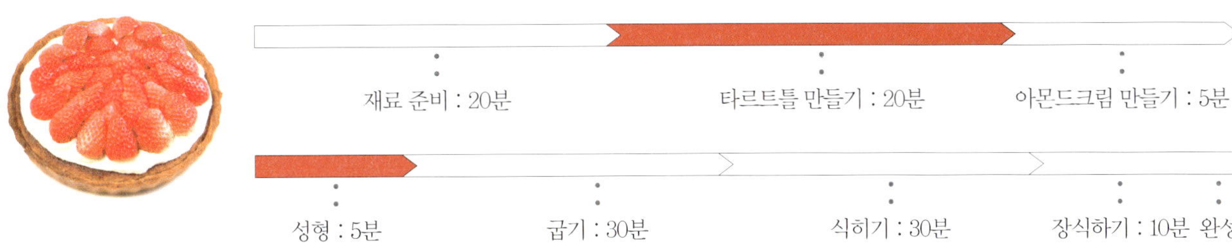

재료 준비 : 20분　타르트틀 만들기 : 20분　아몬드크림 만들기 : 5분

성형 : 5분　굽기 : 30분　식히기 : 30분　장식하기 : 10분　완성

ingredients ●

*지름 21cm 타르트틀 1대 분량
두부크림(44쪽 참조) 200g
딸기 20개
기본 시럽 적당량

타르트 반죽
우리밀 밀가루 140g
제빵용 현미쌀가루 40g
채종유 50g
아가베시럽 60g
두유 50g

아몬드크림
아몬드가루 100g
전립분 45g
베이킹파우더 5g
천일염 1g
카놀라유 60g
아가베시럽 100g
두유 50g
바닐라에센스 4방울

how to make ●

1 타르트 반죽 만들기
86쪽 ①~②와 같은
방법으로 반죽을 만들어
타르트틀에 씌운다.

**3 가장자리를 손으로
꼼꼼하게 눌러 붙이고
가운데에 포크로 여러
군데에 구멍을 낸다.**

2 가장자리를 스크래퍼로 잘라낸다.

4 아몬드크림 채우기
86쪽 ⑤~⑥과 같은
방법으로 아몬드크림을
만들어 타르트에 채운다.

5 굽기
170℃로 예열한 오븐에서
30분간 굽고 꺼내어
완전히 식힌다.

6 시럽 바르기
윗면에 시럽을 듬뿍
바른다.

7 두부크림 바르기
스패출러를 이용해
두부크림을 바르고
딸기를 반으로 썰어
가지런히 올린다.

브라우니

밀도 높은 초콜릿 반죽, 진한 카카오 향, 고소하고
바삭한 헤이즐넛…. 거부할 수 없는 맛의 정통 브라우니를
우유와 버터 대신 두유와 식물성 기름을 넣어 만든다.
코코아가루는 카카오 70% 이상을 써서
천연의 초콜릿 맛을 전한다.

재료 준비 : 20분 | 반죽 : 15분 | 패닝 : 5분 | 굽기 : 20분 | 완성

ingredients ●

* 18×18cm 사각틀 1대 분량

전립분 100g
우리밀 밀가루 60g
코코아가루 40g
베이킹파우더 4g
베이킹소다 4g
두유 160g
카놀라유 70g
아가베시럽 100g
메이플시럽 50g
생 오렌지즙 50g
바닐라에센스 3~4방울

부재료

잘게 썬 호두 50g
아몬드슬라이스 30g
헤이즐넛 20g

how to make ●

1 반죽하기
볼에 밀가루, 전립분, 코코아가루, 베이킹파우더, 베이킹소다를 넣고 고루 섞는다.

2 두유, 카놀라유, 아가베시럽, 메이플시럽을 섞은 다음 ①에 넣어가며 섞는다.

3 바닐라에센스와 오렌지즙을 섞어 ②에 붓고 충분히 섞이도록 반죽한다.

4 유산지 깔기
사각틀에 유산지를 깐다. 유산지의 네 귀퉁이를 대각선으로 가윗밥을 넣고 접어 넣으면 편하다.

5 부재료 넣기
③의 반죽에 아몬드슬라이스와 호두를 넣고 주걱으로 살살 섞는다.

6 패닝
④의 틀에 반죽을 붓는다.

7 굽기
윗면을 편편하게 하고 헤이즐넛을 군데군데 놓은 다음 175℃로 예열한 오븐에서 20분간 굽는다.

당근케이크

채썬 당근을 듬뿍 넣어 만든 당근케이크는 은은한 당근 향이 난다.
당근이 메이플슈거와 섞여 더욱 달콤하고, 위에는 코코넛을 뿌려
바삭한 질감을 살린 간식용 케이크다.

재료 준비 : 20분   반죽 : 15분   패닝 : 5분   굽기 : 30분   완성

ingredients ●

*지름 16cm 원형틀 3개분
우리밀 밀가루 210g
베이킹파우더 10g
아몬드가루 75g
채썬 당근 150g
해바라기씨유 180g
메이플슈거 150g
천일염 3g
달걀 200g
코코넛롱 · 메이플슈거
적당량씩

how to make ●

1 설탕 녹이기
볼에 메이플슈거와
해바라기씨유를 넣어
거품기로 섞고 소금도
넣어 섞는다.

2 달걀 섞기
①에 달걀을 하나씩 넣고
계속 거품기로 섞는다.

3 처음에는 기름이
겉돌지만 달걀을
섞을수록 유화되어
부드러워진다. 거품이
생기도록 계속 젓는다.

4 반죽하기
다른 볼에 밀가루,
아몬드가루,
베이킹파우더를 섞어
③에 붓고 주걱으로
반죽한다.

5 당근 넣기
반죽에 채썬 당근을 넣고
살살 섞는다.

6 패닝
원형틀 바닥에 종이를
깔고 반죽을 틀의 80%
정도 채운다.

7 굽기
윗면에 코코넛롱과
메이플슈거를 뿌린 다음
180℃로 예열한 오븐에서
30분간 굽는다.

비트케이크

잎은 여름 동안 쌈야채로 먹고 가을이면 뿌리에 주먹만한 비트가 달린다.
속까지 진한 자색을 내는 비트는 조금만 넣어도 반죽 전체가 붉게 물든다.
채썬 비트를 넣어 화려한 컬러의 케이크를 만든다.

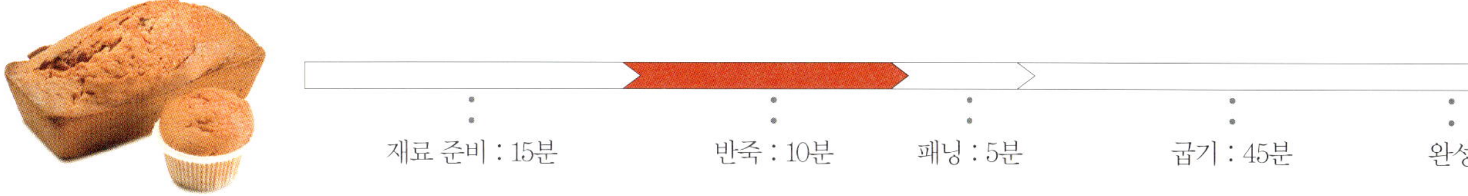

재료 준비 : 15분　　반죽 : 10분　　패닝 : 5분　　굽기 : 45분　　완성

ingredients ●

*11×21cm 파운드틀 1대와
머핀컵 3개 분량

우리밀 밀가루 200g

아몬드가루 80g

베이킹파우더 10g

해바라기씨유 180g

메이플슈거 150g

천일염 3g

달걀 200g

채썬 비트 150g

how to make ●

1 반죽하기

볼에 해바라기씨유,
메이플슈거, 소금을 넣고
섞는다.

2 ①에 달걀을 세 번에
나눠 넣어가며 거품기로
충분히 섞는다.

3 밀가루에 아몬드가루,
베이킹파우더를 섞어
②에 붓고 주걱으로
섞는다.

4 부재료 섞기

채썬 비트를 ③에 넣고 주걱으로 잘 섞는다. 반죽
전체가 붉은색이 된다.

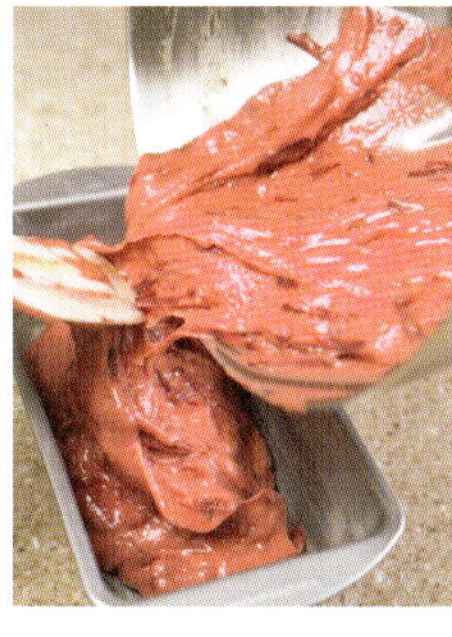

5 패닝

반죽을 기름칠한
파운드틀에 60~70%
차도록 붓는다.

6 나머지 반죽은
머핀컵에 부어 함께
굽는다.

7 굽기

170℃로 예열한 오븐에서
45분간 굽는다. 머핀컵은
같은 온도에서 30분간
굽는다.

사과케이크

아몬드가루와 사과를 넣어 고소하고 달콤한 케이크.
파운드틀에 구운 수수한 모양의 케이크로 속에 든 사과가
가을의 맛을 전한다. 사과는 조린 것이나 통조림 또는
신선한 사과 어떤 것이나 사용할 수 있다.

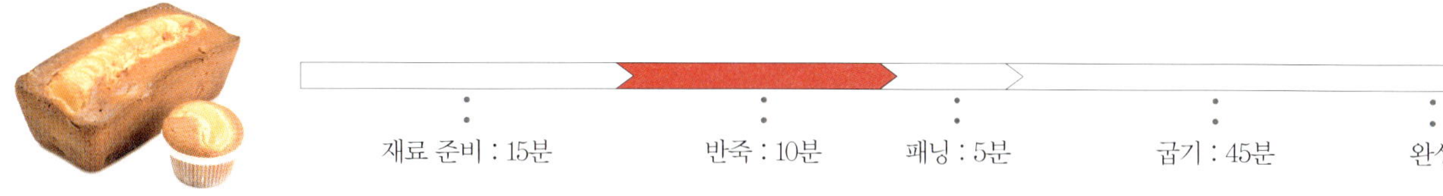

ingredients ●

*11×21cm 파운드틀 1대와 머핀컵 3개 분량

우리밀 밀가루 200g

아몬드가루 80g

베이킹파우더 10g

해바라기씨유 180g

메이플슈거 150g

천일염 3g

달걀 200g

사과조림 200g

토핑용 사과조림 100g

* 사과조림은 통조림 제품을 쓴다. 없으면 사과를 썰어 넣어도 된다.

how to make ●

1 해바라기씨유에 메이플슈거, 소금을 넣고 거품기로 섞는다.

2 ①에 달걀을 하나씩 넣어가며 거품기로 섞는다.

3 밀가루에 아몬드가루, 베이킹파우더를 섞어 ②에 붓는다.

4 매끄럽게 윤이 날 때까지 잘 섞은 뒤 사과를 넣어 섞는다.

5 기름칠한 파운드틀에 반죽을 붓는다. 나머지 반죽은 머핀컵에 붓는다.

7 꼬치로 찔러보아 아무것도 묻어나지 않으면 다 익은 것이다.

6 사과를 얇게 썰어 얹고 170℃로 예열한 오븐에서 45분간 굽는다. 머핀컵은 30분간 굽는다.

쌀케이크
rice cake

시금치쌀케이크
라즈베리피스타치오쌀케이크
블루베리쌀빵
녹두쌀케이크
호박고지쌀케이크
캐슈잣쌀케이크
유자쌀케이크
사과쌀머핀
레몬쌀머핀
라즈베리쌀머핀

시금치 쌀케이크

글루텐이 들어 있지 않은 순 쌀가루에 베이킹파우더를 넣어
부풀려 만드는 케이크다. 시금치를 갈아 넣어
천연의 진한 녹색을 띠고, 완두콩으로 장식해 모양도 재미있다.
쌀케이크는 만들어서 하루 지나 먹으면 더 맛있다.

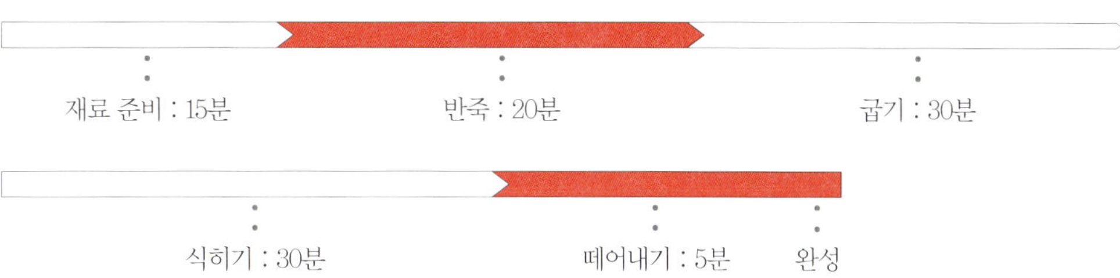

재료 준비 : 15분　　반죽 : 20분　　굽기 : 30분

식히기 : 30분　　떼어내기 : 5분　　완성

ingredients ●

*지름 16cm 시폰틀 1대 분량

순 쌀가루 250g

베이킹파우더 10g

시금치 100g

두유 280g

올리브유 80g

아가베시럽 60g

천일염 2g

완두배기 60g

how to make ●

1 반죽하기

믹서에 시금치를 넣고 두유를 ⅓만 부어 시금치가 곱게 갈리면 나머지 두유를 넣고 섞는다.

2 볼에 ①을 쏟고 소금, 아가베시럽, 올리브유를 넣고 섞는다.

3 다른 볼에 쌀가루, 베이킹파우더를 섞는다.

4 ③의 가루에 ②를 붓고 주걱으로 잘 섞어 걸쭉하고 매끄럽게 반죽한다.

5 패닝 · 장식하기

버터칠이나 기름칠한 시폰틀에 반죽을 붓고 윗면을 고무주걱으로 정리한 뒤 완두배기를 올린다.

6 굽기

170℃로 예열한 오븐에서 30분간 굽는다. 꼬치로 찔러보아 묻어나오지 않으면 다 구워진 것이다.

7 식히기 · 틀에서 빼기

시폰틀을 뒤집어 세워놓고 완전히 식힌 다음 칼로 가장자리를 도려내 틀에서 빼낸다.

라즈베리 피스타치오 쌀케이크

쌀가루 반죽에 신선한 과일 토핑을 올려 다른 장식이 없어도
모양이 보기 좋은 케이크가 된다. 라즈베리가 씹힐 때마다
상큼한 맛이 입 안 가득 퍼진다.

재료 준비 : 10분   반죽 : 10분   굽기 : 35분   완성

ingredients ●

순 쌀가루 300g
베이킹파우더 15g
두유 240g
레몬즙 ½개 분량
레몬껍질 간 것 ½개 분량
올리브유 80g
메이플시럽 80g
사과즙 50g
천일염 3g

토핑

냉동 라즈베리 100g
피스타치오 20개

how to make ●

1 반죽하기
볼에 두유, 레몬즙,
레몬껍질, 사과즙,
메이플시럽, 올리브유,
소금을 차례대로
넣어가며 거품기로
섞는다.

2 다른 볼에 쌀가루와
베이킹파우더를 섞어
①에 넣는다.

3 패닝
주걱으로 힘있게 섞어
매끄럽게 반죽이 되면
기름칠한 원형틀에
붓는다.

4 윗면을 고무주걱으로
정리한다.

5 장식하기
냉동 라즈베리를 골고루 올린다.

6 피스타치오를 올린다.
피스타치오는 껍질을
벗겨 깔끔하게 손질해
넣는다.

7 굽기
170℃로 예열한 오븐에서
35분간 굽는다.

과일잼과 주스를 응용한

블루베리
쌀빵

빵이나 케이크나 어떤 향을 넣느냐에 따라 맛으로
연결된다. 우유나 두유 대신 사과를 갈아 넣어
달콤하고 향긋하다. 블루베리도 듬뿍 넣어 만든다.

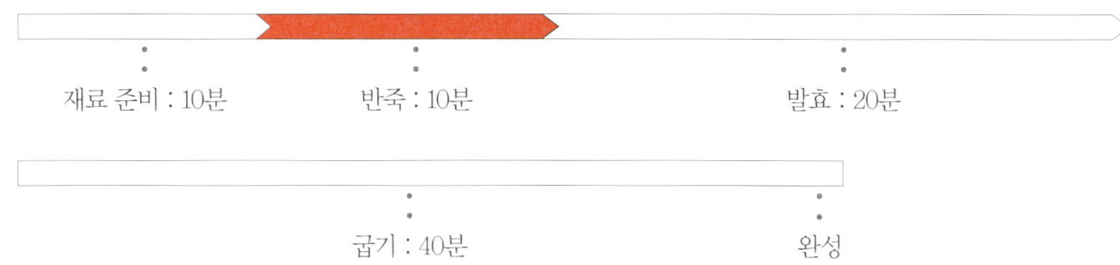

ingredients ●

순 쌀가루 300g
인스턴트
드라이이스트 8g
베이킹파우더 5g
블루베리잼 60g
사과즙 300g
카놀라유 20g
메이플시럽 20g
천일염 4g
냉동블루베리 20개

how to make ●

1 반죽하기
볼에 사과즙, 소금,
메이플시럽, 카놀라유를
순서대로 넣어가며
거품기로 섞는다.

2 블루베리잼을 넣고
섞는다.

3 다른 볼에 쌀가루와 이스트를 섞어 ②에 붓고
고무주걱으로 잘 섞는다.

4 패닝
케이크틀 가운데에 미핀컵을 엎어놓고 가장자리로
돌아가며 반죽을 채워 링 모양을 만든다.

5 장식하기
윗면을 고무주걱으로
정리하고 블루베리를
군데군데 올린다.

6 발효 · 굽기
비닐을 덮어 20분간
발효한 다음 160℃로
예열한 오븐에서 40분간
굽는다.

녹두쌀케이크

쌀가루는 밀가루보다 우리 재료를 응용하기가 쉽다. 쌀과 잘 어울리고 우리
입맛에도 잘 맞는 재료를 찾아서 넣으면 새로운 빵이 된다. 불린 녹두를 갈아 넣어
담백하고 고소한 쌀케이크를 만들어본다.

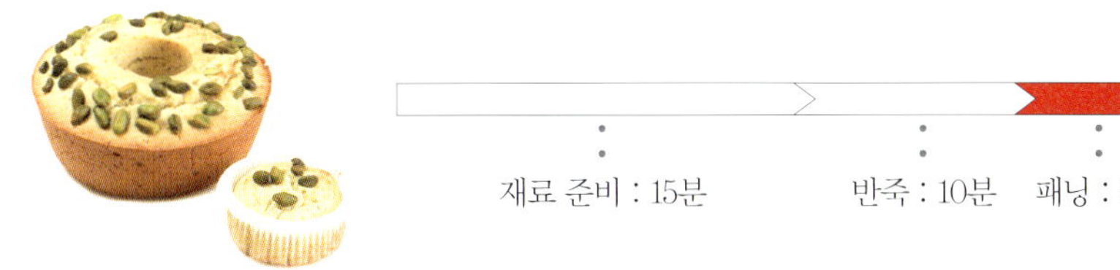

ingredients ●

*지름 15cm 링틀 1대와
머핀컵 3대 분량

순 쌀가루 250g
베이킹파우더 10g
아가베시럽 100g
올리브유 80g
두유 250g
천일염 2g
녹두(물에 불려서 간 것)
150g
피스타치오 적당량

how to make ●

1 반죽하기
볼에 아가베시럽,
올리브유, 두유, 소금을
넣고 거품기로 섞는다.

2 ①에 녹두를 넣는다.
녹두는 미리 하룻저녁
불려놓았다가 건져
물기를 빼고 믹서에
간다.

3 쌀가루에
베이킹파우더를 섞어
②에 붓고 주걱으로
섞는다.

4 패닝
기름칠한 케이크틀에
반죽을 붓는다.

5 남은 반죽은 머핀컵에
담는다.

6 굽기
윗면을 평평하게 하고 피스타치오를 뿌려 170℃로
예열한 오븐에서 35분간 굽는다. 머핀은 30분간
굽는다.

호박고지 쌀케이크

말린 호박고지를 넣어 떡을 만들 듯이 빵을 만들어본다. 늙은 호박의
노란 색소인 루테인은 피부암을 예방해 건강식으로도 각광받는다.
부기를 빼주고 이뇨작용을 돕는 건강 케이크를 만난다.

ingredients ●

*11×21cm 파운드틀 1대 분량

순 쌀가루 250g
베이킹파우더 15g
두유 270g
아가베시럽 80g
카놀라유 80g
천일염 2g

부재료

호박고지 100g
건포도 50g
물 50g
럼 20g
*호박고지와 건포도는
물과 럼을 넣고 2시간 정도
불려둔다.

how to make ●

1 반죽하기
볼에 두유, 아가베시럽,
카놀라유, 소금을
넣는다.

2 기름이 뽀얗게
부서지도록 거품기로
섞는다. 기름이 맴도는
상태에서 가루를 섞으면
안 된다.

3 쌀가루에
베이킹파우더를 섞어
②에 붓는다.

4 매끄러운 반죽이
되도록 주걱으로 충분히
섞는다.

5 부재료 넣기
물과 럼에 불려놓은 호박고지와 건포도를 넣고
섞는다.

6 패닝
기름칠한 틀에 반죽을
붓는다.

7 굽기
윗면을 정리하고 170℃로
예열한 오븐에서 45분간
굽는다.

고소한 견과류가 듬뿍 들어간

캐슈잣 쌀케이크

만들기 쉽고 영양가 높은 메뉴를 몇 가지 알고 있으면 다양한
홈베이킹을 즐길 수 있다. 캐슈잣쌀케이크도 그중 한 가지.
오독오독 씹히는 커다란 캐슈가 먹음직스럽다.

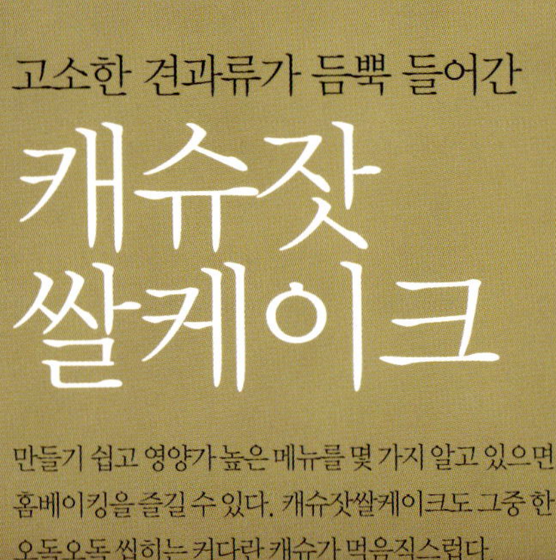

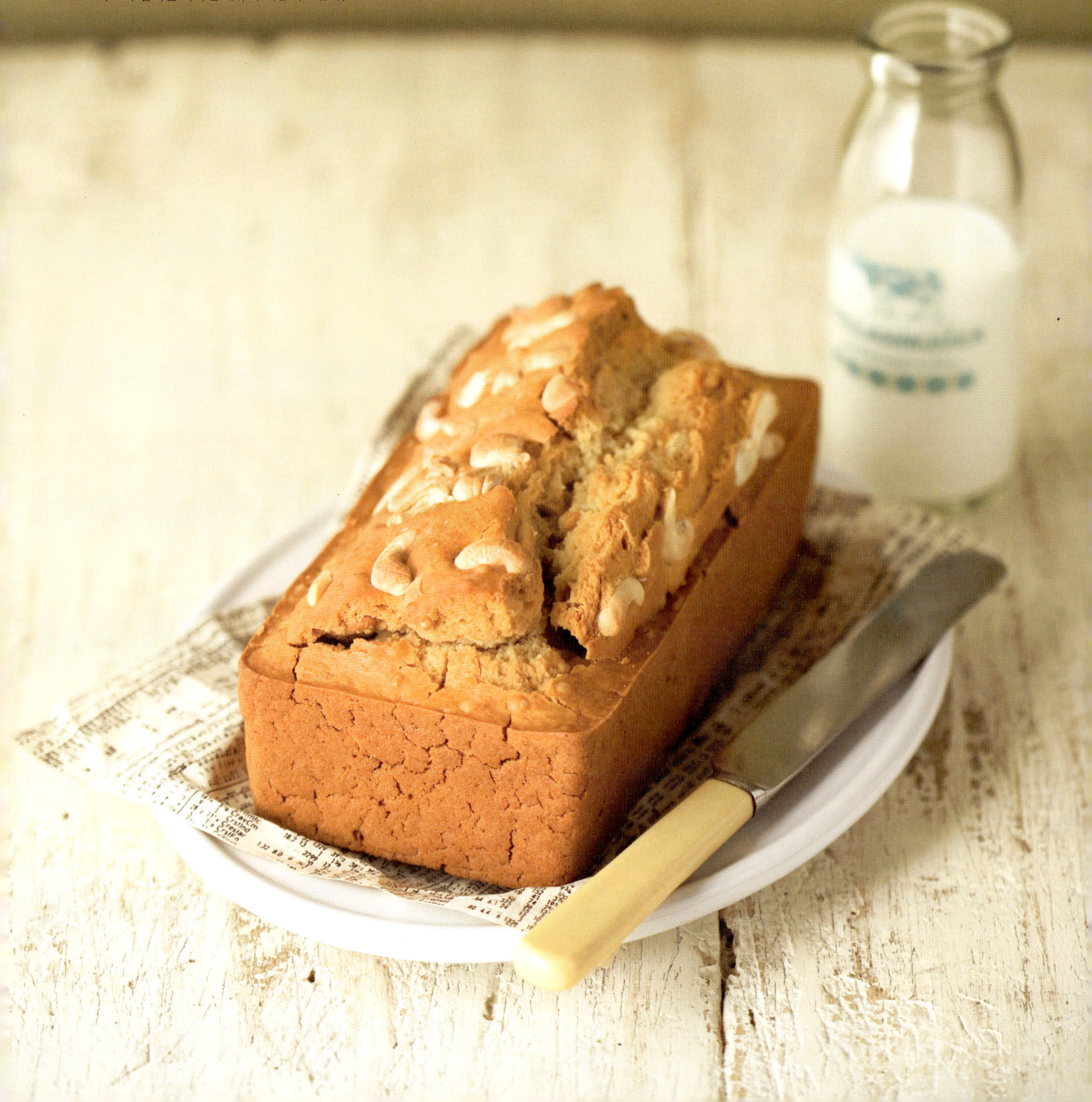

재료 준비 : 15분 　　반죽 : 10분　패닝 : 5분 　　굽기 : 35분 　　완성

ingredients ●

*11×21cm 파운드틀 1대 분량

순 쌀가루 250g

베이킹파우더 13g

캐슈 100g

잣 50g

두유 270g

메이플시럽 80g

올리브유 80g

천일염 2g

how to make ●

1 반죽하기
볼에 메이플시럽,
올리브유, 소금, 두유를
넣고 거품기로 섞는다.

2 기름과 두유가 서로
겉돌지 않을 때까지
충분히 섞는다.

3 쌀가루에
베이킹파우더를 섞어
②에 붓고 주걱으로
섞는다.

4 부재료 넣기
캐슈와 잣을 넣고
섞는다. 캐슈와 잣은
170℃ 오븐에서 35분
정도 구워서 넣는다.

5 패닝
기름칠한 파운드틀에
반죽을 붓고 윗면에
캐슈를 올린다.

6 굽기
170℃로 예열한 오븐에서 45분간 굽는다.

유자쌀케이크

겨울이 지나도록 냉장고에 유자청이 남아 있다면 도전해볼 메뉴. 사실 유자청은
만들어서 한 해 묵히면 숙성되어 더 깊은 맛이 난다. 이렇게 묵힌 유자청을 빵에 넣으면
유자의 맛에 다시 반한다. 향긋한 유자 향이 코끝을 자극하는 쌀케이크를 만들어본다.

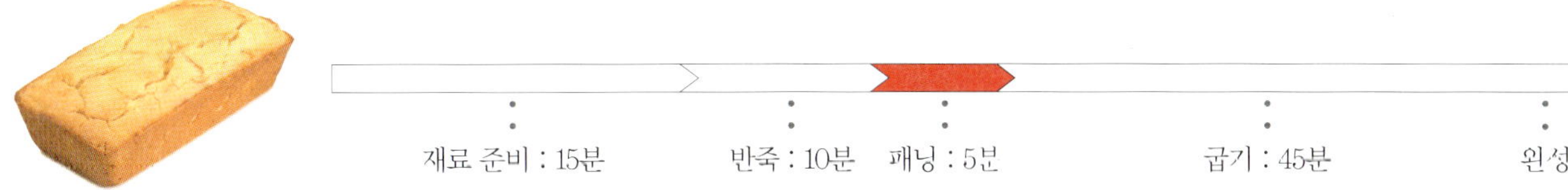

재료 준비 : 15분　　반죽 : 10분　패닝 : 5분　　　굽기 : 45분　　　완성

ingredients ●

*11×21cm 파운드틀 1대 분량

순 쌀가루 250g

베이킹파우더 15g

두유 250g

카놀라유 80g

아가베시럽 50g

천일염 2g

유자청 150g

how to make ●

1 반죽하기
볼에 카놀라유,
아가베시럽, 소금,
두유를 넣고 거품기로
섞는다. 기름과 물이
완전히 섞이도록 충분히
섞는다.

2 ①에 유자청을 넣고
섞는다.

3 쌀가루에
베이킹파우더를 섞어
②에 붓는다.

4 패닝
매끄럽게 섞어 반죽한
다음 기름칠한 틀에
붓는다.

5 윗면을 고무주걱으로 평평하게 정리한다.

6 굽기
170℃로 예열한 오븐에서
45분간 굽는다.

쌀머핀 3가지

순수 쌀가루로 만든 빵은 속이 촉촉하고 쫀득하다. 쌀로 작은 머핀을
만들면 겉은 바삭한 질감이 나고 안은 담백하다. 새콤한 과일을 함께
넣어 상큼한 맛의 쌀머핀을 만든다.

사과쌀머핀

재료 준비 : 15분   반죽 : 20분   패닝 : 5분   굽기 : 20분   완성

ingredients ●

*지름 7cm 머핀 6개 분량

순 쌀가루 100g

현미가루 50g

베이킹파우더 8g

사과 ¼개

두유 130~140g

카놀라유 50g

메이플시럽 40g

홍찻잎 간 것 2g

토핑

사과 ¼개

메이플슈거 약간

how to make ●

1 반죽하기
볼에 쌀가루, 현미가루, 베이킹파우더를 넣고 섞는다.

2 다른 볼에 두유, 카놀라유, 메이플시럽을 섞고, 곱게 간 홍찻잎을 넣어 섞는다.

3 ①에 ②를 붓는다.

4 거품기로 힘있게 섞는다.

5 부재료 넣기
채썬 사과를 넣고 주걱으로 살살 섞는다.

6 패닝 · 굽기
기름칠한 머핀틀에 반죽을 담고 장식용 사과를 메이플슈거를 묻혀 반죽 위에 하나씩 얹어 160℃로 예열한 오븐에서 20분간 굽는다.

레몬쌀머핀

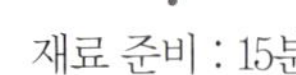

재료 준비 : 15분　　반죽 : 20분　　패닝 : 5분　　굽기 : 25분　　완성

ingredients ●

*지름 7cm 머핀 6개 분량

순 쌀가루 150g
베이킹파우더 8g
레몬껍질 간 것 ½개 분량
레몬즙 ½개 분량
두유 100~120g
해바라기씨유 50g
아가베시럽 40g
사과즙 20g
천일염 1g

토핑

장식용 레몬 약간
유기농설탕 약간

how to make ●

1 재료 준비
레몬껍질을 얇게 벗겨
다진다. 또는 강판에
노란 껍질만 간다.

2 반죽하기
볼에 쌀가루와
베이킹파우더를 넣고
섞는다.

3 액체 섞기
다른 볼에 두유,
해바라기씨유,
아가베시럽, 사과즙,
레몬즙, ①의 레몬껍질,
소금을 넣고 섞는다.

4 ②에 ③을 넣고
거품기로 섞는다.

5 농도를 보아 되직하면
두유나 사과즙을 조금 더
넣어 반죽한다.

6 매끄럽게 반죽이 되면
기름칠한 머핀틀에 80%
정도씩 담는다.

7 굽기
레몬을 작게 잘라 유기농설탕을 묻혀 윗면에 올리고
160℃로 예열한 오븐에서 25분간 굽는다.

라즈베리쌀머핀

재료 준비 : 15분 　 반죽 : 20분 　 패닝 : 5분 　 굽기 : 25분 　 완성

ingredients ●

*지름 7cm 머핀 6개 분량

순 쌀가루 150g
베이킹파우더 8g
냉동라즈베리 90g
두유 100g
카놀라유 50g
메이플시럽 40g
사과즙 30g
천일염 1g

how to make ●

1 반죽하기
볼에 쌀가루,
베이킹파우더를 넣고
섞는다.

2 다른 볼에 두유,
카놀라유, 메이플시럽,
사과즙, 소금을 넣고
거품기로 섞는다.

3 ①에 ②를 넣고
거품기로 섞는다.

4 부재료 넣기
쌀가루가 수분을 먹어
걸쭉해지면 라즈베리를
넣고 으깨지지 않도록
주걱으로 살살 섞는다.

5 패닝 · 굽기
기름칠한 머핀틀에
반죽을 떠 넣고 160℃로
예열한 오븐에서 25분간
굽는다.

❝ 집에서 간단히 만들 수 있으면서 맛있고 몸에 좋은 간식은 없을까
고민하는 분들이 많습니다. 살찔 걱정은 줄이고
건강은 제대로 챙겼으면 하는 바람이지요. 그렇다고 밥만으로는
채울 수 없는 '즐거움'을 포기할 수도 없고요. 제가 빵을 만들면서
줄곧 해왔던 고민이기도 합니다. 양은 적어도 이왕이면 몸에 좋은
재료만으로 아주 착한 쿠키를 만들어봅니다. ❞

건강 쿠키
healthy cookies

바닐라쿠키
건포도호두쿠키
야채크래커
초코오트밀쿠키
콩가루쇼트브레드
당근레몬쌀쿠키
레이즌쌀겨쿠키
대추쌀쿠키
쌀카레칩스
생강쿠키
참깨쿠키
무가당서리태쿠키
선식쿠키
고구마쿠키
자색고구마비스킷
단호박튀일
곡물스틱쿠키
뉴트리션바

바닐라쿠키

버터와 설탕 없이는 만들 수 없을 것 같은 쿠키를 쌀가루와 두유,
해바라기씨유를 이용해 만든다. 칼로리 걱정은 줄이고
천연 감미료인 메이플시럽을 넣어 맛과 향은 부족함이 없다.

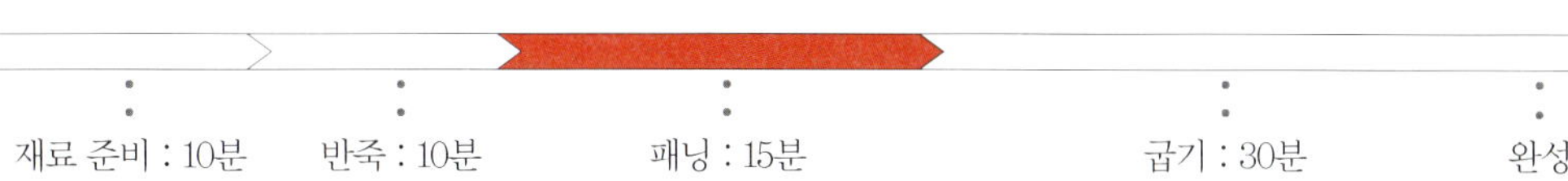

재료 준비 : 10분　　반죽 : 10분　　패닝 : 15분　　굽기 : 30분　　완성

ingredients ●

순 쌀가루 100g
베이킹파우더 5g
두유 100g
해바라기씨유 40g
메이플시럽 40g
바닐라빈 ⅕ 줄기
천일염 1g
아몬드슬라이스 적당량

how to make ●

1 반죽하기
쌀가루에
베이킹파우더를 넣고
섞는다.

2 두유에 바닐라빈을
반으로 갈라 씨를 긁어
넣는다. 바닐라빈이
없으면 바닐라에센스를
두 방울 넣는다.

3 ②에 메이플시럽,
해바라기씨유, 소금을
넣고 거품기로 섞는다.

4 ③을 ①의 가루에
붓고 고무주걱으로 고루
섞어 반죽한다.

5 반죽을 짜주머니에
넣는다.

6 패닝
오븐팬에 동그랗게 짠다.

7 윗면에
아몬드슬라이스를
하나씩 붙인다.

8 굽기
150℃로 예열한 오븐에서
30분간 굽는다.

건포도호두쿠키

묽은 반죽을 뚝뚝 떠놓으면 자연스럽게 퍼지면서 동그란 쿠키가 된다. 들쭉날쭉하지만
그 모양이 오히려 먹음직스럽다. 건포도와 호두, 오렌지필을 넣어 맛과 향을 풍부하게 한다.

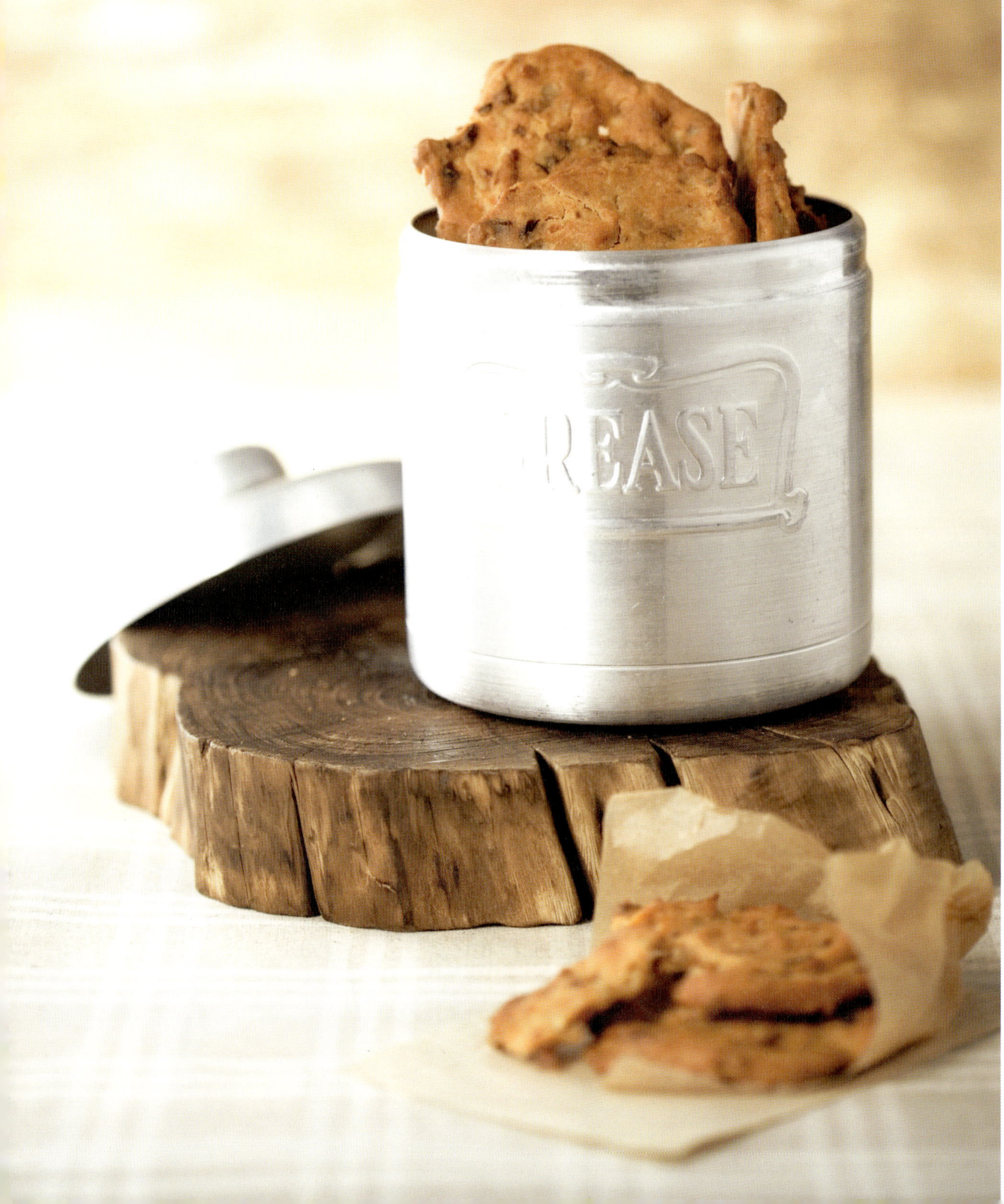

재료 준비 : 10분   반죽 : 10분   패닝 : 15분   굽기 : 25분   완성

ingredients ●

순 쌀가루 100g
베이킹파우더 5g
두유 130g
해바라기씨유 50g
메이플시럽 20g
천일염 1g
잘게 다진 건포도 20g
잘게 썬 호두 20g
오렌지껍질 다진 것 20g

how to make ●

1 오렌지는 겉껍질만 얇게 벗겨 다진다.

2 반죽하기
볼에 쌀가루와 베이킹파우더를 섞는다.

3 두유에 소금, 메이플 시럽, 해바라기씨유를 넣고 섞는다.

4 ②에 ③을 넣는다.

5 매끄러운 반죽이 되도록 주걱으로 섞는다.

7 패닝 · 굽기
오븐팬에 종이를 깔고 반죽을 스푼으로 떠서 펼친다. 스푼 뒷면에 물을 살짝 묻혀서 펼치면 반죽이 들러 붙지 않는다. 160℃로 예열한 오븐에서 25분간 굽는다.

6 부재료 넣기
건포도, 잘게 썬 호두, 오렌지껍질을 넣고 고루 섞는다.

야채크래커

긴 막대자를 대고 도형을 그리듯 반죽을 재단한다. 얇게 민 반죽을 피케로
구멍을 내고 선을 맞춰 잘라 구우면 집에서도 전문가처럼 쿠키를 만들 수 있다.
피자 자를 때 쓰는 원형칼을 쓰면 반죽 자를 때 편리하다.

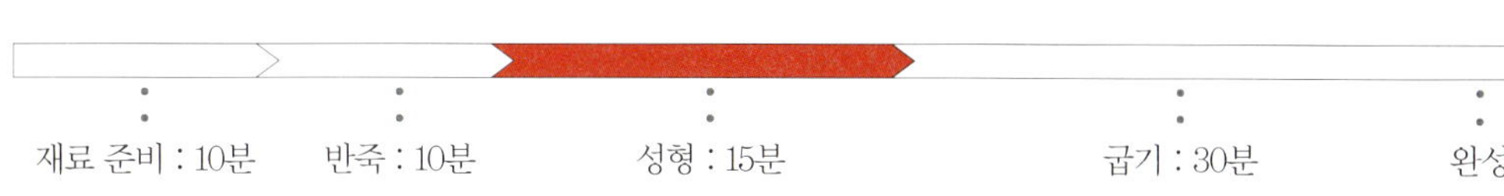

재료 준비 : 10분　반죽 : 10분　성형 : 15분　굽기 : 30분　완성

ingredients ●

우리밀 밀가루 200g
메이플슈거 30g
천일염 2g
베이킹파우더 3g
카놀라유 50g
야채주스 75ml

how to make ●

1 반죽하기
밀가루에 베이킹파우더,
소금, 메이플슈거를 넣어
섞는다.

2 야채주스와
카놀라유를 넣는다.

3 주걱으로 고루 섞어
반죽한다.

4 날가루가 보이지
않으면 반죽대에 쏟아
손으로 주물러 반죽한다.

5 성형
밀대로 얇게 민다.

6 피케로 구멍을 낸다.
피케가 없으면 포크로
구멍을 낸다.

8 굽기
오븐팬에 종이를 깔고
반죽을 일정한 간격으로
놓은 다음 170~180℃로
예열한 오븐에서 20분간
굽는다.

7 막대자를 대고 간격을 맞춰 자른다.

초코오트밀
쿠키

고대 아즈텍에서는 카카오를 '신의 음료'라고 하여
왕만 마실 수 있었다고 한다. 초콜릿이 몸에 나쁘다는 것은
제조 과정에서 들어가는 설탕과 첨가물 때문이다.
질 좋은 카카오가 70% 이상 들어 있는 고급 초콜릿으로
쿠키를 만들면 초콜릿을 포기할 이유가 없을 듯.

재료 준비 : 10분　　반죽 : 10분　　　　성형 : 15분　　　　　　굽기 : 20분　　　　완성

ingredients ●

전립분 180g
오트밀 100g
코코아가루 40g
흑설탕 60g
천일염 2g
베이킹소다 3g
해바라기씨유 80g
우유 120g
초콜릿칩 80g

how to make ●

1 반죽하기
볼에 전립분, 오트밀,
코코아가루, 흑설탕,
베이킹소다를 넣고
섞는다.

2 우유에 소금을 넣어
거품기로 섞은 다음 ①에
붓는다.

3 해바라기씨유를 넣고
주걱으로 섞어 반죽한다.

4 반죽을 반죽대에
쏟고 초콜릿칩을 넣어 잘
섞어가며 반죽한다.

5 손으로 꼭꼭 뭉쳐 덩어리지도록 한 다음 다듬는다.

6 성형
밀대로 1cm 정도 두께로
민다.

7 자를 대고 가장자리를
잘라내고 막대 모양으로
자른다.

8 굽기
오븐팬에 일정한
간격으로 반죽을 놓은
다음 170℃로 예열한
오븐에서 20분간 굽는다.

콩가루
쇼트브레드

몸에 좋은 콩을 이용해 만든 쿠키로 부드럽게 부서지는
질감이 어른 아이 할 것 없이 누구나 좋아할 만하다.
손으로 반죽을 작게 떼어 오븐팬에 꾹 눌러놓으면
작은 피라미드 모양 쿠키가 된다.

재료 준비 : 10분　　반죽 : 15분　　성형 : 15분　　굽기 : 20분　　고물 묻히기 : 5분　완성

ingredients ●

우리밀 밀가루 100g
순 쌀가루 80g
콩가루 60g
계핏가루 3g
천일염 2g
메이플슈거 80g
두유 90g
상온에 둔 무염버터 100g

토핑

콩가루 50g
메이플슈거 50g

how to make ●

1 반죽하기
밀가루에 쌀가루,
콩가루, 계핏가루,
소금을 넣어 섞는다.

2 다른 볼에 상온에
둔 버터를 거품기로
부드럽게 풀고
메이플슈거를 섞은 다음
두유를 조금씩 넣어가며
계속 저어 매끈한 포마드
상태를 만든다.

3 ①의 가루에 포마드
상태가 된 ②의 버터를
넣는다.

4 주걱으로 대강 섞은
다음 반죽대에 쏟아
손으로 꼭꼭 눌러가며
반죽한다.

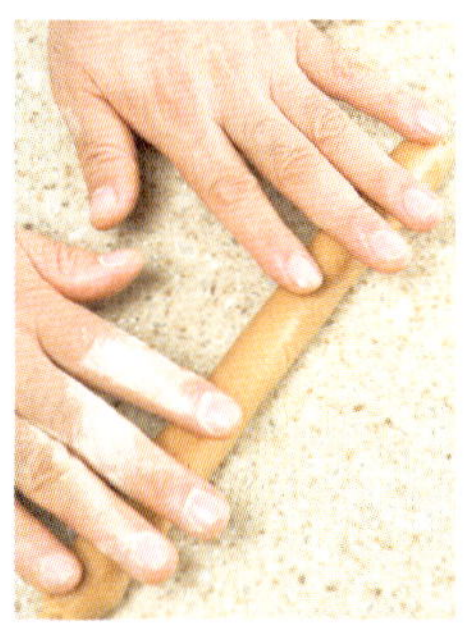

5 성형
반죽을 가늘고 길게
민다.

6 떡 반죽을 떼어내듯
조금씩 떼어서 오븐팬에
꾹꾹 눌러놓는다.

7 굽기
반죽을 일정한 간격으로
놓은 다음 180℃로
예열한 오븐에서 20분간
굽는다.

8 고물 묻히기
구운 과자는 뜨거울 때 콩가루와 메이플슈거 섞은
고물을 묻힌다. 과자가 뜨거워야 고물이 잘 묻으므로
볼 안에 잠시 두었다가 꺼낸다.

당근레몬 쌀쿠키

쿠키를 만들 때는 반죽에 글루텐이 생기지 않고 푸석푸석해야
더 바삭하다. 밀가루도 박력분을 쓴다. 쌀가루는 글루텐이 없어
과자에 적용하기 쉽다. 당근을 넣어 바삭한 쌀과자를 만들어본다.

재료 준비 : 10분 　 반죽하기 : 15분 　 성형 : 15분 　 굽기 : 30분 　 완성

ingredients ●

순 쌀가루 200g
베이킹파우더 24g
당근 간 것 100g
두유 60g
올리브유 60g
메이플시럽 60g
천일염 3g
레몬껍질 간 것 1개 분량

how to make ●

1 가루 섞기
볼에 쌀가루,
베이킹파우더, 소금을
넣고 섞는다.

2 당근 섞기
당근 간 것을 넣고 살짝
섞는다.

3 반죽하기
②에 두유, 메이플시럽,
올리브유, 레몬껍질 간
것을 넣는다.

4 주걱으로 고루 섞고
반죽대에 쏟아 손으로
반죽한다.

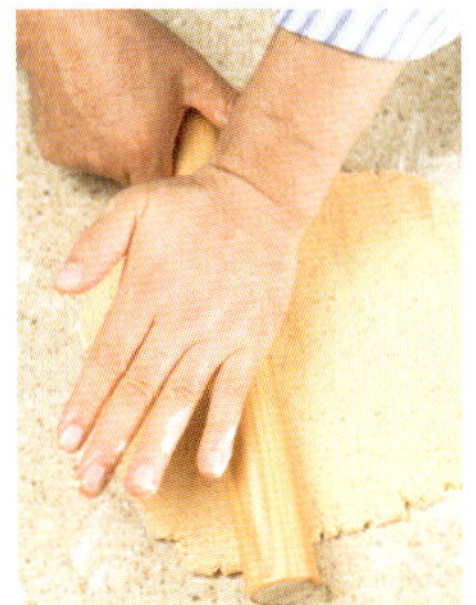

5 성형
밀대로 얇게 민다.

6 하트 모양틀을
덧가루에 찍어서 반죽을
찍어낸다.

7 굽기
반죽을 오븐팬에 일정한 간격으로 놓고 170℃로
예열한 오븐에서 30분간 굽는다.

레이즌쌀겨쿠키

'미강'이라고도 하는 쌀겨는 현미를 백미로 도정할 때 나오는 쌀의 속껍질로, 화장품 재료로
사용할 정도로 피부에 좋다. 특히 미백 효과가 뛰어나다니 미인을 위한 건강 간식으로 강추.

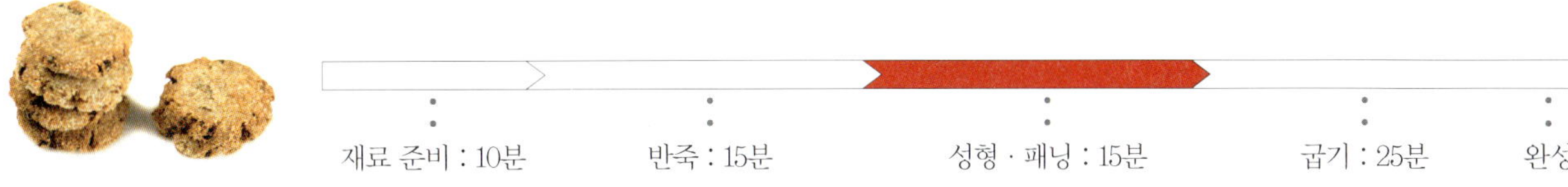

ingredients ●

순 쌀가루 200g
쌀겨 40g
건포도 60g
코코넛가루 40g
베이킹소다 5g
천일염 2g
채종유 80g
사과즙 170g
토핑용 코코넛가루 적당량

how to make ●

1 반죽하기
볼에 쌀가루, 쌀겨,
코코넛가루, 베이킹소다,
소금을 넣고 섞는다.

2 ①에 건포도를 잘게
다져 넣고, 사과즙,
채종유를 넣고 주걱으로
섞는다.

3 반죽이 부슬부슬하게
뭉쳐지면 반죽대에
쏟는다.

4 손으로 꼭꼭 뭉친다.

5 성형
뭉친 반죽을 조금씩 떼어
새알심처럼 빚는다.

6 코코넛가루가 든 볼에
넣어 굴린다.

7 오븐팬에 놓고 손바닥으로 꾹 눌러 납작하게
모양을 만든다.

8 굽기
오븐팬에 가지런히 놓고
160℃로 예열한 오븐에서
25분간 굽는다.

보고 안 먹으면 늙는다!

대추쌀쿠키

대추는 항산화 물질이 많고 다른 영양도 풍부해서 '대추 보고 안 먹으면 늙는다'는 옛말도 있다. 말린 대추를 이용해 쌀가루와 쌀겨를 섞어 달콤하고 바삭한 쿠키를 만들어본다. 심심할 때 옆에 두고 먹을 수 있는 건강 간식이다.

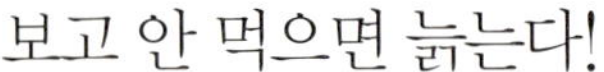

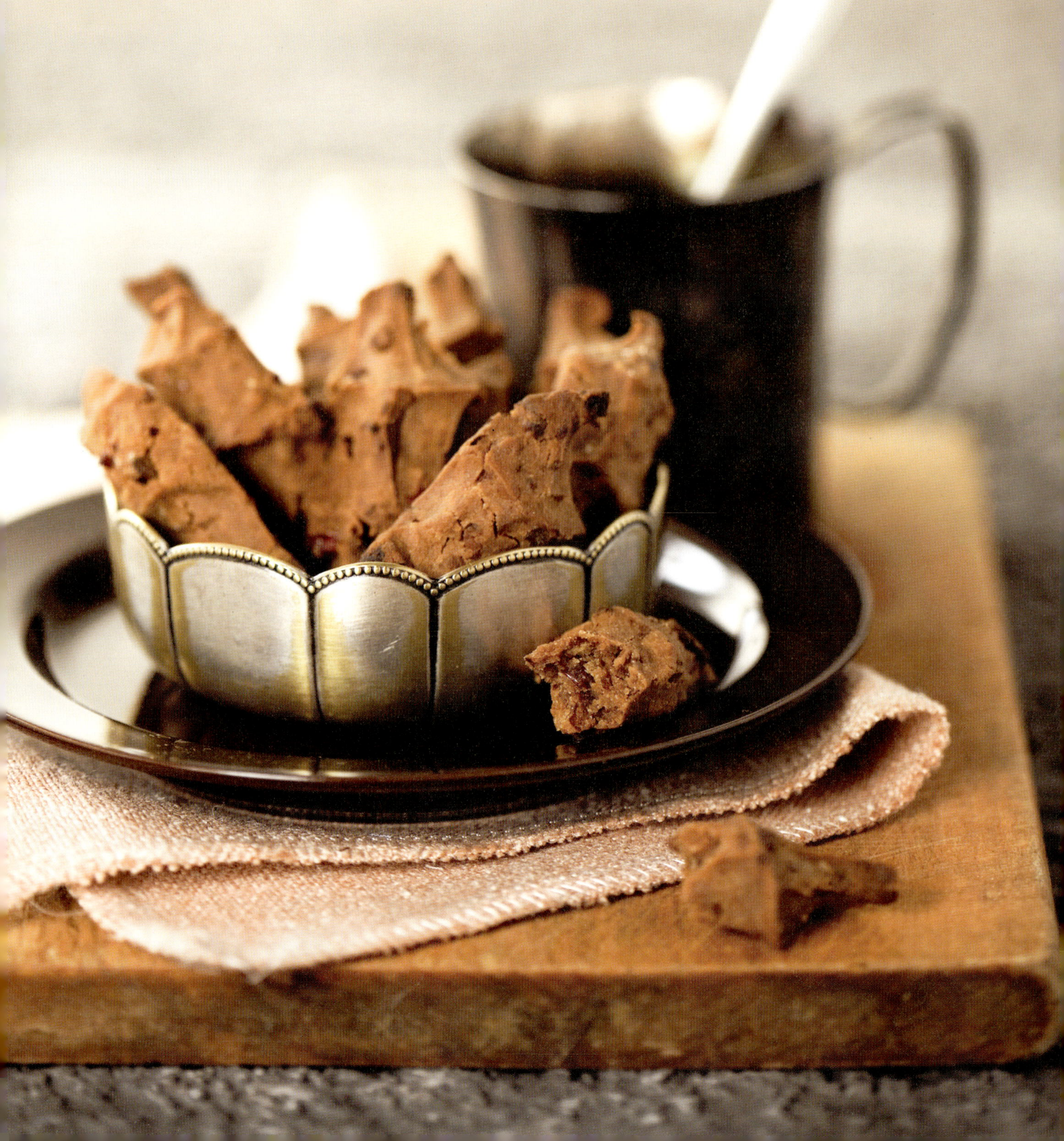

재료 준비 : 10분　　반죽 : 15분　　성형 : 15분　　굽기 : 15분　　완성

ingredients ●

순 쌀가루 80g
쌀겨 20g
대추 20개
시나몬가루 3g
베이킹소다 4g
천일염 1g
채종유 40g
사과즙 70g

how to make ●

1 대추는 돌려깎아 씨를
빼고 곱게 다진다.

2 **반죽하기**
쌀가루에 쌀겨, 시나몬
가루, 베이킹소다,
소금을 넣고 섞는다.

3 ②에 다진 대추와 채종유, 사과즙을 넣고 주걱으로
섞는다.

4 부슬부슬하게 섞인
반죽을 반죽대에 놓고
한 덩어리가 되도록
뭉친다. 수분이 부족하면
사과즙을 조금 더 넣어
농도를 맞춘다.

5 **성형**
반죽을 조금씩 떼어 손으로 꼭 쥐어 손가락 자국을
낸다.

6 **굽기**
오븐팬에 가지런히 놓고
160℃로 예열한 15분간
굽는다.

쌀카레칩스

쌀로 만든 반죽을 얇게 밀어 기름에 튀긴 다음 노란 카레가루와
죽염을 섞어 버무린다. 짭조름하면서 고소한 맛에 자꾸만 손이 가는
과자다. 반죽을 얇게 밀어야 튀겼을 때 바삭함이 오래간다.

재료 준비 : 10분   반죽 : 15분   성형 : 15분   튀기기 : 10분   양념하기 : 5분   완성

ingredients ●

순 쌀가루 120g
옥수수가루 50g
녹말 30g
물 140g
튀김기름 적당량
카레가루 적당량
죽염 적당량

how to make ●

1 반죽하기
쌀가루에 옥수수가루와
녹말을 섞는다.

2 물을 넣고 주걱으로
대강 섞은 다음 반죽대에
쏟아 손으로 꼭꼭 눌러
뭉친다.

3 밀기
덧가루를 뿌려가며
반죽을 여러 번 치댄 다음
비닐을 반죽 아래위에
깔고 민다.

4 반죽이 얇아야
바삭바삭하므로 최대한
얇게 민다. 비닐을
이용하면 밀기 쉽다.

5 자르기
얇게 민 반죽에 피케나
포크를 이용해 구멍을 낸
뒤 자를 대고 비스듬히
사각형으로 자른다.

7 튀기기
저온의 기름에 넣고 튀겨
건져 기름기를 뺀다.

8 양념하기
따뜻할 때 카레가루와
죽염 섞은 것을 고루 뿌려
버무린다.

6 다시 대각선으로 잘라서 삼각형이 되도록 한다.

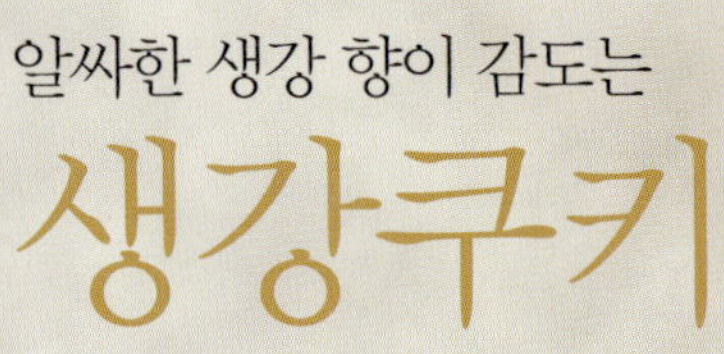

알싸한 생강 향이 감도는

생강쿠키

곱게 다진 생강을 넣어 향을 내고 거칠거칠한 전립분과 오트밀로 만든 건강 쿠키다.
얇게 민 반죽을 칼로 잘라 특별한 기교 없이 만들어 소박하다. 단맛을 더 원하면
꿀을 묽게 희석해 살짝 발라 구워도 된다.

재료 준비 : 10분 | 반죽하기 : 15분 | 성형 · 패닝 : 15분 | 굽기 : 30분 | 완성

ingredients ●

전립분 175g
오트밀 75g
다진 생강 20g
계핏가루 2g
너트멕가루 1g
천일염 2g
메이플슈거 40g
물 60g
카놀라유 50g

how to make ●

1 반죽하기
볼에 전립분, 오트밀,
곱게 다진 생강, 소금,
계핏가루, 너트멕가루,
메이플슈거를 넣고
섞는다.

2 ①에 물과 카놀라유를
넣고 주걱으로 반죽한다.

3 부슬부슬하게 뭉쳐지면 반죽대에 쏟아 손으로 한
덩어리가 되도록 뭉친다.

4 성형
밀대로 얇게 4~5mm
두께로 민다.

5 자를 대고 롤러로 자른다.

6 패닝
오븐팬에 일정한
간격으로 놓는다.

7 굽기
포크로 서너 번씩 구멍을
낸 다음 170℃로 예열한
오븐에서 30분간 굽는다.

참깨쿠키

흰 가루는 넣지 않고 전립분, 깨, 흑설탕 등을 넣어 거무스름한 과자를 만든다.
색깔은 화려하지 않지만 안심하고 먹을 수 있는 홈메이드 건강 쿠키다.

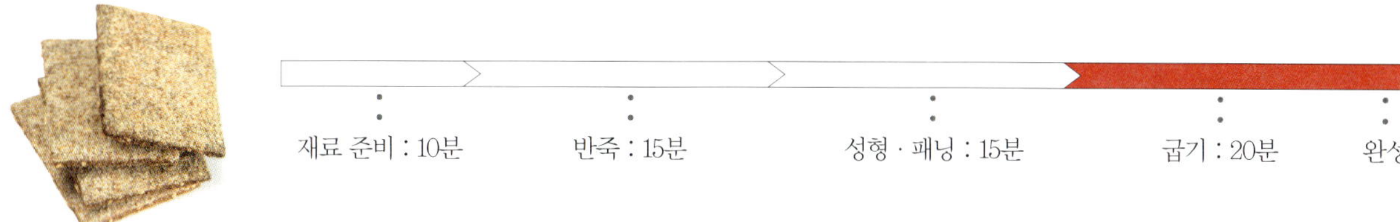

ingredients ●

전립분 150g
참깨 15g
참깨 간 것 10g
천일염 3g
올리브유 75g
흑설탕 30g
물 40g

how to make ●

1 반죽하기
전립분에 참깨 간 것,
흑설탕, 소금, 참깨를
넣어 섞는다.

2 ①에 올리브유와 물을 넣고 주걱으로 섞는다.

3 부슬부슬하게 섞이면
반죽을 반죽대에 쏟고
손으로 꼭꼭 뭉쳐 서너 번
치댄다.

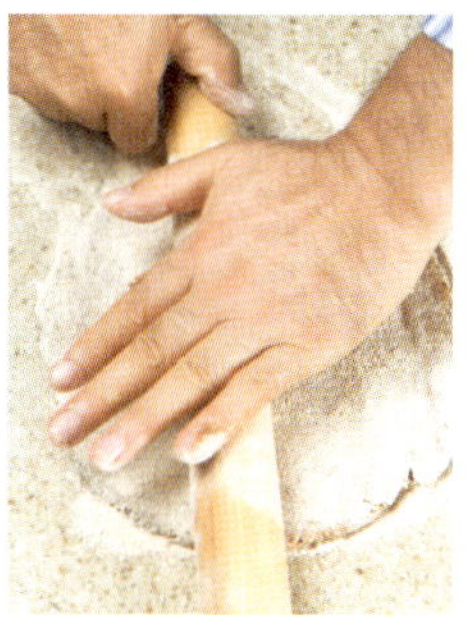

4 성형
덧가루(전립분)를 넉넉히
뿌리고 밀대로 얇게
민다.

5 자를 대고 일정한
크기로 자른다.

6 굽기
오븐팬에 가지런히 놓고
170℃로 예열한 오븐에서
20분간 굽는다.

무가당
서리태쿠키

콩가루의 고소한 맛이 입 안 가득 퍼지는 무가당 쿠키. 머리카락 건강에
좋다는 검은콩을 살찔 걱정 없이 쿠키로 편하게 먹는다. 두툼하게 구워
한 조각 먹으면 든든해 식사 대용으로도 추천할 수 있다.

재료 준비 : 10분　　반죽 : 10분　　성형 : 15분　　굽기 : 30분　　완성

ingredients ●

검은콩가루 100g
순 쌀가루 100g
달걀 2개
천일염 3g
카놀라유 60g
두유 50~60g

how to make ●

1 반죽하기
쌀가루에 검은콩가루를
넣고 섞는다.

2 볼에 달걀을 풀고
소금, 카놀라유, 두유를
넣고 섞는다.

3 ②에 ①의 가루를
넣고 고무주걱으로 섞어
반죽한다.

4 반죽대에 쌀가루를
뿌리고 반죽을 꺼내
손으로 서너 번
반죽한다.

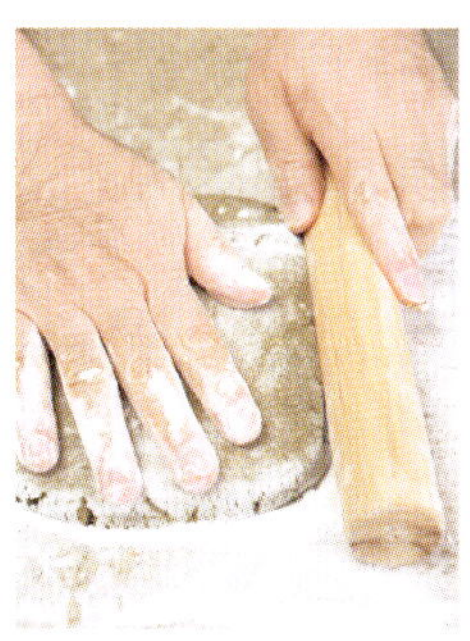

5 성형
밀대로 사각형을
잡아가며 1cm 두께로
민다.

6 피케로 윗면에 구멍을 낸다.

7 가장자리를 잘라내고,
2cm 크기로 길쭉하게
자른다.

8 굽기
자투리 반죽은 모아서
함께 굽는다. 오븐팬에
올리고 180℃로 예열한
오븐에서 20분간 굽는다.

아침식사 대용으로 훌륭한

선식쿠키

집집마다 식사대용으로 많이 먹는 선식을 응용해 쿠키를 만들어본다.
선식가루를 넉넉히 넣고 연유로 맛을 낸, 달지 않은 쿠키다. 하나씩 비닐에
담아 상비해두면 바쁜 아침 시간에 요긴한 식사 대용 쿠키가 된다.

재료 준비 : 10분　　반죽 : 10분　　성형 : 15분　　굽기 : 25~30분　　완성

ingredients ●

우리밀 밀가루 100g
선식가루 200g
베이킹파우더 10g
달걀 1개
연유 80g
해바라기씨유 100g
우유 250g
토핑용 우유 약간
토핑용 잣 적당량

how to make ●

1 반죽하기
볼에 선식가루, 밀가루,
베이킹파우더를 넣고
손으로 섞는다.

2 다른 볼에 달걀을
풀고 연유를 넣어
섞는다.

3 ②에 해바라기씨유를
넣고 섞고 우유를
섞는다. 우유는 조금
남겨 농도를 조절한다.

4 ①의 가루를 ③에
넣고 주걱으로 섞는다.
수분이 모자라면 남은
우유를 넣는다.

5 반죽대에 쏟아
한 덩어리가 되도록
반죽한다.

6 패닝
조그맣게 떼어 동그랗게 만진 다음 오븐팬에 놓고
손바닥으로 꾹 누른다.

7 윗면에 우유를 붓으로
바르고 잣을 몇 개 올려
살짝 눌러 박는다.

8 굽기
170℃로 예열한 오븐에서
25~30분간 굽는다.

고구마가 아닙니다!

고구마쿠키

삶은 고구마를 넣어 반죽하고 겉에는 자색고구마가루를 묻혀 고구마
모양으로 만든 과자다. 오븐에 구워 군고구마 맛이 나니 고구마의 축소판이다.
모양도 재미나고 맛도 좋아서 아이들과 함께 만들 때 추천하고 싶은 메뉴다.

재료 준비 : 10분　　반죽 : 10분　　성형 : 15분　　굽기 : 20분　　완성

ingredients ●

삶은 고구마 100g
우리밀 밀가루 150g
베이킹파우더 5g
상온에 둔 무염버터 50g
꿀 50g
달걀 ½개
천일염 2g
자색고구마가루 적당량

how to make ●

1 반죽하기
버터를 거품기로
부드럽게 풀고 꿀, 달걀,
소금을 순서대로 섞는다.
달걀과 버터가 분리되지
않도록 충분히 섞는다.

2 삶은 고구마를 넣고
거품기로 으깨며 곱게
섞는다.

3 밀가루에
베이킹파우더를 섞어
②에 넣고 주걱으로
반죽한다.

4 반죽대에 덧가루를
넉넉히 뿌리고 반죽을
쏟는다.

5 반죽을 두들기고
접어가며 한 덩어리가
되도록 반죽한다.

6 성형
동그랗게 빚어 자색고구마가루를 묻힌다.

7 하나씩 길쭉하게
모양을 잡고 포크로 두세
군데씩 찍어 구멍을
낸다. 자색고구마가루를
한 번 더 묻힌다.

8 패닝 · 굽기
오븐팬에 간격을 두고
놓은 다음 180℃로
예열한 오븐에서 20분간
굽는다.

자색고구마
비스킷

자색고구마를 삶아 으깨어 반죽한 다음 비스킷으로 구운 과자. 검은깨와 고구마가
어우러져 달고 고소하다. 꼭 과일이 박혀 있는 것처럼 보라색의 고구마가 군데군데
보여 식감을 살린다. 크림치즈와 잘 어울리므로 함께 내도 좋다.

재료 준비 : 10분　　반죽 : 10분　　성형 : 15분　　굽기 : 25분　　완성

ingredients ●

삶은 자색고구마 200g
우리밀 밀가루 200g
베이킹파우더 5g
아가베시럽 50g
천일염 2g
카놀라유 100g
두유 80g
볶은 검은깨 10g

how to make ●

1 반죽하기
삶은 자색고구마를
손으로 주물러 으깨고
소금, 아가베시럽을 넣고
섞는다.

2 두유와 카놀라유를
넣고 거품기로 섞는다.
두유는 조금 남겨 반죽의
농도를 조절한다.

3 검은깨를 넣고
섞는다.

4 밀가루에
베이킹파우더를 섞어
③에 넣고 주걱으로
반죽한다.

5 반죽대에 덧가루를
뿌리고 반죽을 쏟아
한 덩어리가 되도록
반죽한다.

6 성형
밀대로 얇게 밀고 피케로
구멍을 낸다.

7 자를 대고 3×4cm
크기로 자른다.

8 패닝 · 굽기
오븐팬에 간격을 두고
놓은 다음 160℃로
예열한 오븐에서 25분간
굽는다.

baking tip ●

믹서로 반죽하기
쿠키나 케이크를 만들 때 믹서를 이용하면 효
율적으로 반죽할 수 있다. 고구마나 단호박처
럼 으깨어 넣어야 하는 재료가 있을 때, 물과
기름 성분을 섞을 때 믹서를 사용하면 입자를
곱게 분쇄할 수 있어 반죽이 용이하다. 으깨어
섞을 재료들을 모두 믹서에 넣고 한꺼번에 돌
린 다음 볼에 쏟고 가루를 섞는다.

바삭하게 부서지는 호박과자

단호박튜일

호박을 삶아 으깨어 묽게 반죽하고 팬에 동그랗게 펼쳐 센베이처럼
얇게 굽는 과자다. 과자가 식기 전에 동그란 판이나 막대에 올려
휘어놓으면 식으면서 둥그렇게 휘는데 이런 모양의 과자를
튜일이라고 한다. 어른에게 선물하기에도 좋다.

재료 준비 : 10분 　반죽 : 10분 　성형 : 15분 　굽기 : 25분 　완성

ingredients ●

삶은 단호박 200g
메이플슈거 50g
달걀 1개
두유 50g
거친 통밀가루 100g
계핏가루 3g
호박씨 30g

how to make ●

1 반죽하기
볼에 삶은 단호박을 넣고
거품기로 으깬다.

2 메이플슈거를 넣고
계속 거품기로 섞는다.

3 달걀을 넣고 두유를
섞는다. 여기까지 과정의
재료를 믹서에 한꺼번에
갈아도 좋다.

4 거친 통밀가루에
계핏가루를 섞는다.

5 ③에 ④를 넣고
주걱으로 섞는다.

6 부재료 넣기
호박씨를 넣는다.

7 패닝
숟가락으로 반죽을 떠서
오븐팬에 동그랗게
펼친다.

8 굽기
160℃로 예열한 오븐에서 25분간 굽고, 꺼내서 바로
동그란 판에 넣어 휘어지게 모양을 잡아 그대로
식힌다.

곡물스틱쿠키

굵은 통밀가루와 흑설탕이 들어가 검고 거칠어 보이지만 맛은 고소하고 달콤해서
아이들이 좋아한다. 버터가 많이 들어가 구울 때 반죽이 옆으로 퍼지므로 간격을
넉넉히 두고 구워야 한다.

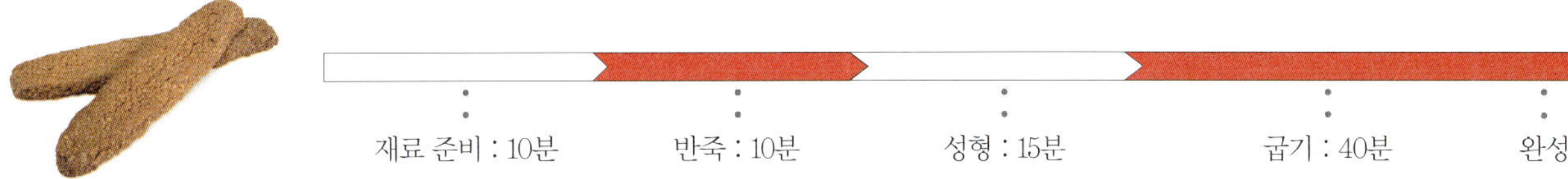

ingredients ●

제빵용 쌀가루 100g
거친 통밀가루 150g
상온에 둔 무염버터 80g
우유 20g
흑설탕 50g
천일염 2g

how to make ●

1 반죽하기
버터를 거품기로
부드럽게 푼다.

2 소금을 넣어 섞고,
흑설탕과 우유를 넣어
거품기로 섞는다.

3 흑설탕이 녹을 때까지
충분히 섞는다.

4 ③에 거친 통밀가루와
쌀가루를 넣고 주걱으로
섞는다.

5 반죽대에 덧가루를
살짝 뿌리고 반죽을 꺼내
한 덩어리로 뭉친 다음
밀대로 민다.

6 성형
자를 대고 일정한 크기로 자른다.

7 패닝 · 굽기
오븐팬에 일정한
간격으로 놓은 다음
140℃로 예열한 오븐에서
40분간 굽는다.

뉴트리션바

건강 간식으로 인기 많은 시리얼바를 집에서 만들어본다. 각종 곡물, 견과류,
말린 과일을 듬뿍 넣어 재료값은 많이 들지만 영양가와 정성은 시판하는
어떤 제품과도 비교할 수 없다. 강정과 비슷한 프랑스 전통 쿠키에서 응용해
오븐에 한번 구워 더욱 고급스럽다.

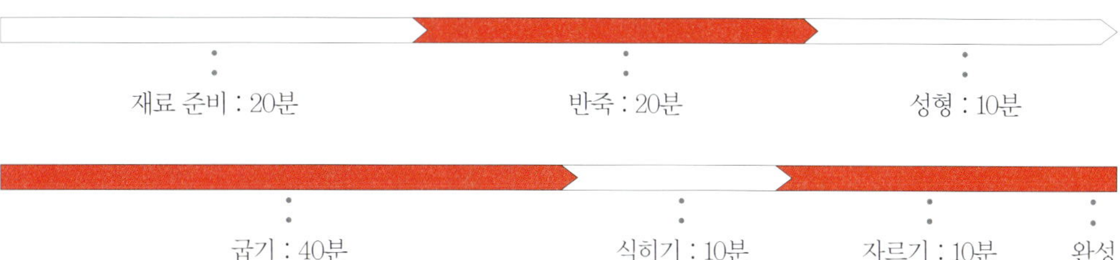

ingredients ●

오트밀 200g
헤이즐넛 50g
잘게 썬 호두 70g
피스타치오 30g
크랜베리 50g
잘게 썬 반건조 무화과 50g
건포도 30g
오렌지필 50g
레몬필 30g
계핏가루 3g
전립분 100g
꿀 100g
물엿 100g
무염버터 100g
럼 50g
세몰리나(파스타용 밀가루. 195쪽 참조) 적당량

how to make ●

1 커다란 볼에 오트밀, 헤이즐넛, 호두, 피스타치오, 크랜베리, 무화과, 건포도, 오렌지필, 레몬필을 섞고, 전립분과 계핏가루를 넣어 고루 섞는다.

2 냄비에 물엿, 꿀, 버터를 넣고 끓인다.

3 버터가 녹고 2~3분 끓으면 럼을 넣는다.

4 ③에 ①을 넣고 주걱으로 버무린다.

5 반죽을 반죽대에 쏟아 2등분한 스크래퍼를 이용해 직사각형으로 모양을 잡는다.

6 세몰리나를 고루 묻혀 오븐팬에 놓는다.

7 윗면에 세몰리나를 넉넉히 뿌려 160℃로 예열한 오븐에서 40분간 굽는다.

8 다 구워지면 꺼내어 식힌 뒤 원하는 크기로 자른다.

❝ 빵을 부풀게 하는 방법에는 여러 가지가 있습니다.
그중 발효는 가장 보편적인 방법이지만 많은 경험이 필요하므로
누구나 시도해볼 수 있는 쉬운 방법을 소개합니다.
베이킹파우더와 베이킹소다를 쓰면 발효하지 않기 때문에
만드는 시간이 단축되고, 맛은 발효해서
만든 빵 못지않게 개성 있습니다. 발효 과정 없이도
잡곡 · 두부 · 과일 · 채소 등을 넣고 원하는 대로 만들 수 있습니다. ❞

발효하지 않은 케이크 같은 빵
cake bread

밀배아빵

전립분, 밀배아, 흑설탕 등 검은빛이 도는 재료들이
고루 들어가 보기에도 건강해 보이는 빵이다.
발효하지 않아 1시간 정도면 빵을 완성할 수 있으니
시간이 없거나 발효할 자신이 없을 때도 좋다.

ingredients ●

우리밀 밀가루 150g
전립분 60g
밀배아 40g
흑설탕 50g
천일염 3g
베이킹파우더 10g
달걀 1개
달걀노른자 1개
요구르트 100g
우유 40~50g

베이킹파우더 · 베이킹소다

발효하지 않는 빵의 핵심은 베이킹파우
더와 베이킹소다. 두 가지 모두 반죽을
부풀게 하는 역할을 하는데, 이스트와
달리 물이 닿으면 즉각적으로 반응하기
시작하므로 반죽을 만들어 오래 두지 말
고 바로 굽는다. 베이킹파우더는 반죽이
위로 퍼지는 힘을, 베이킹소다는 옆으로
퍼지는 힘을 준다.

재료 준비 : 15분   반죽 : 10분   성형 : 5분

how to make ●

1 반죽하기
볼에 밀가루, 전립분,
밀배아를 넣는다.

2 손으로 고루 섞는다.

3 흑설탕과 소금을 넣고
가루로 살짝 덮은 다음
베이킹파우더를 넣는다.

4 다시 손으로 고루
섞는다.

5 다른 볼에 달걀, 달걀노른자, 요구르트, 우유를
넣는다. 우유는 조금 남겨두고 반죽의 농도를 보고
가감한다.

6 주걱으로 저어 달걀이
잘 풀어지도록 섞는다.

7 ④의 가루에 ⑥의
액체를 붓는다.

8 나무주걱으로 섞는다.

9 날가루가 보이지 않고 반죽이 매끄러울 때까지 힘을 주어 섞는다.

10 **반죽 치대기**
반죽대에 덧가루 (전립분)를 넉넉히 뿌리고 반죽을 놓는다.

11 스크래퍼를 이용해 덧가루가 고루 묻도록 반죽을 끌어 올려서 접는다.

12 손으로 접어가며 꾹꾹 눌러 반죽한다.

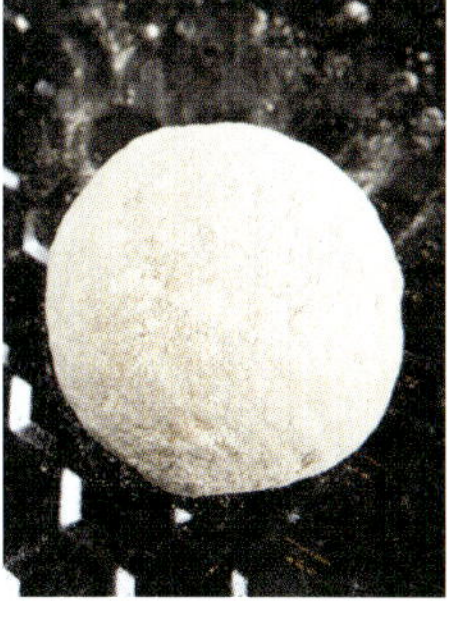

13 **성형**
반죽을 동글려 전립분을 충분히 묻혀 오븐팬에 놓는다.

14 **굽기**
윗면에 십자로 칼집을 내고 180~190℃로 예열한 오븐에 넣어 35~40분간 굽는다. 꼬치로 찔러보아 아무것도 묻어나지 않으면 다 구워진 것이다.

baking tip ●

반죽은 신속하게 할 것
발효하지 않는 빵은 반죽에 베이킹파우더를 넣기 때문에 반죽을 오랫동안 만지면 정작 오븐 안에서 부푸는 힘이 약해진다. 게다가 반죽이 말랑말랑한 상태이므로 오래 만지면 퍼질 수 있다. 덧가루를 묻히고 동글려 모양을 잡는 과정은 되도록 신속하게 한다.

곡물빵

웰빙이 대세인 요즘, 흰빵보다 영양을 생각해서 잡곡빵을 먹는 사람이
많다. 물에 불리면 부드러워지도록 전처리된 잡곡믹스를 이용하면
초보자도 손쉽게 건강빵을 만들 수 있다.

재료 준비 : 15분   반죽 : 5분   성형 : 5분   굽기 : 35~40분   완성

ingredients ●

우리밀 밀가루 150g
전립분 30g
불린 잡곡믹스 70g
메이플슈거 50g
천일염 3g
베이킹파우더 10g
달걀 1개
올리브유 50g
우유 50g
오트밀 적당량

how to make ●

1 반죽하기
밀가루에 전립분, 불린
잡곡, 메이플슈거,
소금을 넣고, 다른
재료가 닿지 않게
자리를 만든 다음
베이킹파우더를 넣는다.

2 불린 잡곡과 설탕을
뺀 나머지 재료를 먼저
섞고 전체를 섞는다.
베이킹파우더에 물이나
설탕이 묻으면 바로
화학반응이 일어나기
때문이다.

3 다른 볼에 달걀,
올리브유, 우유를 넣고
거품기로 섞는다.

4 ②에 ③을 붓는다.

5 주걱으로 고루 잘
섞는다.

6 성형
반죽대에 오트밀을 깔고
반죽을 놓은 뒤 오트밀을
위아래로 고루 묻혀
손으로 살살 동그랗게
모양을 잡는다.

7 굽기
반죽을 오븐팬에 가만히
놓고 180~190℃로
예열한 오븐에서
35~40분간 굽는다.

메밀에 부족한 단백질을 콩으로 보충하는

강낭콩메밀빵

메밀은 찰기가 없어 국수를 만들면 뚝뚝 끊어진다. 빵을 만들 때도
마찬가지여서 메밀은 밀가루를 섞어서 만들어야 하는데,
강낭콩이 메밀에 부족한 단백질을 보충해준다.

재료 준비 : 15분　반죽 : 5분　성형 : 5분　굽기 : 35~40분　완성

ingredients ●

우리밀 밀가루 150g
메밀가루 60g
검은콩가루 40g
메이플슈거 50g
천일염 3g
베이킹파우더 10g
달걀 1개
요구르트 100g
두유 70g
당적강낭콩 150g

how to make ●

1 반죽하기
볼에 밀가루, 메밀가루,
검은콩가루, 메이플슈거,
소금을 넣고 섞는다.

2 베이킹파우더를 넣고
섞는다.

3 다른 볼에 두유,
요구르트, 달걀을 섞어
②에 붓는다.

4 주걱으로 저어
반죽한다.

5 반죽대에 덧가루를
뿌리고 반죽을 쏟는다.

6 부재료 넣기
덧가루를 묻혀가며 충분히 치댄 다음 적당히 펼쳐
강낭콩을 넣는다.

7 성형
서너 번 접어가며 고루
섞고 타원형으로 모양을
잡아 오븐팬에 놓는다.

8 굽기
가운데 길게 칼집을 내어
180~190℃로 예열한
오븐에서 35~40분간
굽는다.

고소한 깨 냄새가 솔솔 나는

검은깨두유빵

검은깨가 고루 들어간 길쭉한 모양의 빵. 뚝뚝 잘라
우유나 두유 한 잔을 곁들여 먹으면 아침식사나 간식으로
손색없다. 냄새도 맛도 고소해 어른 아이 모두 좋아한다.

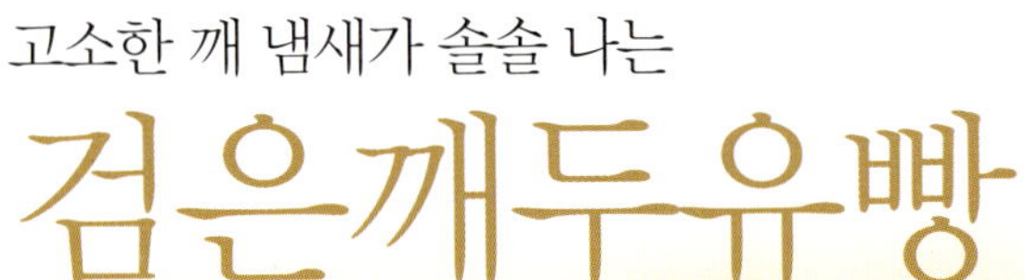

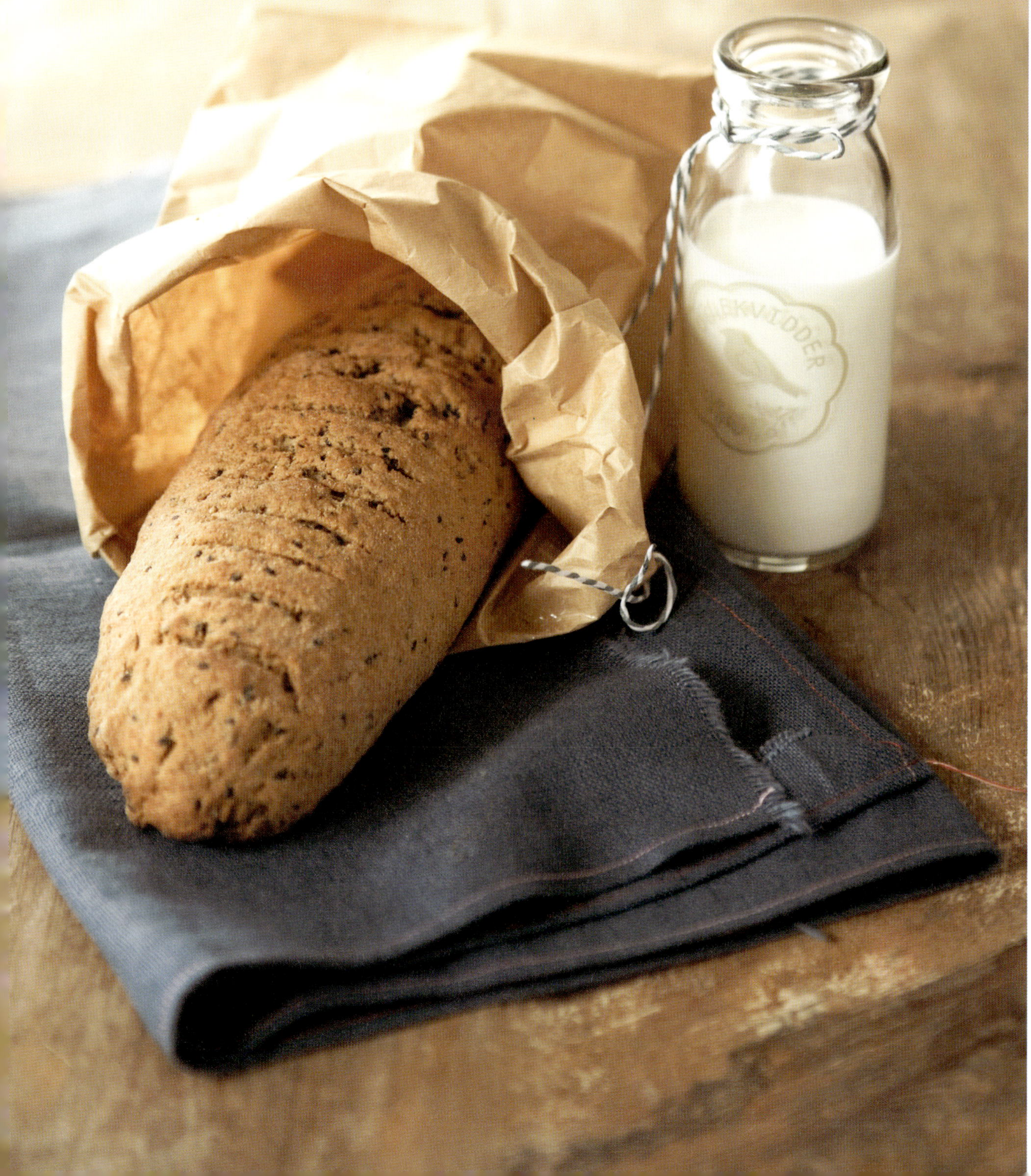

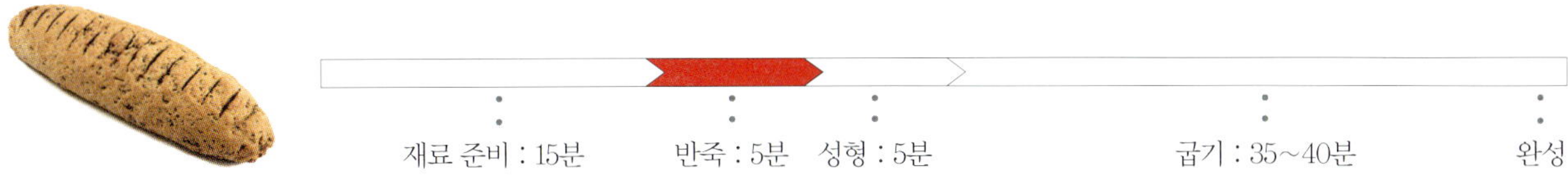

ingredients ●

우리밀 밀가루 200g
검은깨 간 것 50g
흑설탕 50g
천일염 3g
베이킹파우더 10g
검은깨 20g
해바라기씨유 50g
두유 140g

how to make ●

1 반죽하기
볼에 밀가루, 검은깨 간 것, 흑설탕, 소금을 넣고 섞는다.

2 베이킹파우더를 넣고 섞은 다음 검은깨를 넣어 섞는다.

3 두유에 해바라기씨유를 섞어 ②에 붓는다.

4 나무주걱으로 힘있게 반죽한다.

5 반죽대에 덧가루를 뿌리고 반죽을 쏟아 서너 번 치댄다.

6 성형
긴 막대 모양으로 만들어 오븐팬에 놓는다.

7 굽기
1~2cm 간격으로 칼집을 낸 다음 180~190℃로 예열한 오븐에서 35~40분간 굽는다. 꼬치를 찔러보아 아무것도 묻어나지 않으면 다 구워진 것이다.

DIGITAL DARWINISM

꿀생강빵

생강은 소화를 촉진할 뿐만 아니라 대장암을 예방하는
식품으로 잘 알려져 있다. 평소 속이 더부룩한 사람이 생강을 먹으면
속이 진정되는 효과가 있다. 꿀을 넣어 맛의 궁합도 잘 맞는다.

ingredients ●

우리밀 밀가루 185g
호밀가루 65g
베이킹파우더 10g
생강 간 것 10g
달걀 1개
달걀노른자 1개
꿀 60g
메이플시럽 5g
천일염 2g
코티지치즈 60g
올리브유 40g
우유 100g

생강

생강에는 매운맛을 내는 진저롤이라
는 성분이 있어 소화를 돕고 변비를
예방한다. 특히 장운동을 활발하게
하고 장속 유해균의 번식을 막아 대
장암을 예방하는 효과가 있다. 생강
은 날로 먹어도 되지만 위에 자극이 될 수 있으므로 위가 약한 사
람은 익혀 먹는 것이 좋다. 설탕에 절인 생강이나 말려서 만든 편
강 등도 효과는 같다.

재료 준비 : 15분　　반죽 : 5분　패닝 : 5분　　　　굽기 : 35분　　　　완성

how to make ●

1 반죽하기
볼에 밀가루, 호밀가루,
베이킹파우더를 넣고
손으로 섞는다.

2 다른 볼에 달걀,
달걀노른자, 소금, 생강
간 것, 꿀, 메이플시럽,
올리브유, 우유,
코티지치즈를 넣는다.

3 거품기로 치즈를 으깨가며 섞는다.

4 ③을 ①에 붓고
주걱으로 섞는다.

5 패닝
기름칠한 파운드틀에
반죽을 떠 넣는다.

6 굽기
고무주걱에 물을 묻혀
윗면을 정리하고 180℃로
예열한 오븐에서 35분간
굽는다.

코티지치즈 만들기

우유에 산을 넣어 응고시킨 뒤 덩어리만 걸러내어 만든 것을
코티지치즈라고 한다. 두부처럼 부드럽고 잘 부서지는 코티지치즈는
시중에서 구입할 수도 있지만 우유와 레몬만 있으면 집에서도 간단히
만들 수 있다. 수일 안에 바로 사용하도록 한다.

ingredients ●

우유 500g
레몬즙 ½개 분량

how to make ●

꼭 짜서 물기를 완전히 빼면 부드러운 코티지치즈가 완성된다.

1 냄비에 우유를 붓고
끓인다.

2 우유가 끓으면
레몬즙을 넣고 불을
끈다.

3 거품기로 저어가며
우유가 몽글몽글
엉기기를 기다린다.

4 우유가 엉기면 체에 면보를 깔고 ③을 붓는다.

5 잠시 기다리면
맑은 물이 빠지고 하얀
덩어리가 남는다.

6 천을 덮어서 감싸고
위에 무거운 것을 올려
물기를 뺀다.

두부레몬빵

레몬 향은 빵과 잘 어울린다. 두부를 넣어 만든 빵에 레몬과 레몬껍질 간 것을
넣으면 자칫 콩에서 날 수 있는 비릿한 맛이 훌륭하게 커버된다.

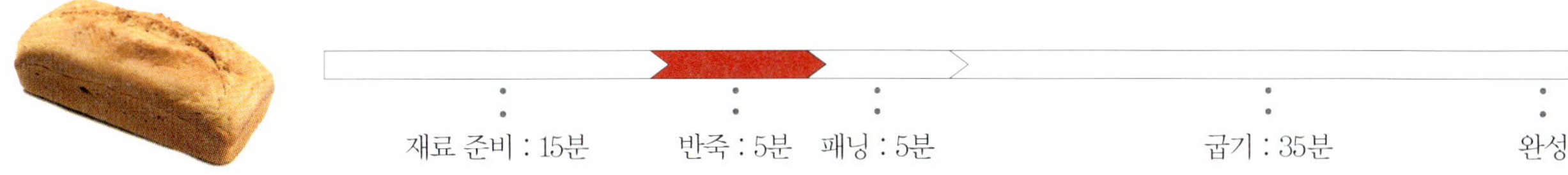

재료 준비 : 15분　　반죽 : 5분　패닝 : 5분　　　　　굽기 : 35분　　　완성

ingredients ●

우리밀 밀가루 150g
제빵용 쌀가루 50g
베이킹파우더 10g
달걀 1개
천일염 1.5g
유기농설탕 40g
레몬즙 · 레몬피 1개 분량씩
물기 뺀 두부 200g
카놀라유 25g
우유 50g

how to make ●

1 두부 으깨기
볼에 두부를 먼저 넣고
거품기로 으깬다.

2 반죽하기
①에 설탕을 넣어 섞고,
레몬껍질 간 것을 넣고
섞는다.

3 달걀, 소금,
카놀라유를 차례대로
넣어 섞는다.

4 마지막으로 우유를
넣어 섞는다.

5 밀가루에 쌀가루와
베이킹파우더를 섞어
④에 넣는다.

6 주걱으로 잘 섞어
반죽한다.

7 패닝 · 굽기
기름칠한 파운드틀에
반죽을 채워 넣고 윗면을
정리한 다음 180℃로
예열한 오븐에서 35분간
굽는다.

연근빵

연근은 섬유질이 풍부한 건강 식품이다. 장식으로 얹어놓은 연근이
먹음직스러워 눈이 즐겁고, 빵을 먹을 때 아삭아삭 씹히는 맛도 좋다.

재료 준비 : 15분　　반죽 : 5분　패닝 : 5분　　　　굽기 : 35분　　　　완성

ingredients ●

우리밀 밀가루 160g

밀기울 40g

베이킹파우더 7g

유기농설탕 50g

달걀 1개

달걀노른자 1개

천일염 2g

카놀라유 40g

우유 90g

채썬 연근 150g

토핑용 연근 5~6조각

how to make ●

1 반죽하기
볼에 달걀, 달걀노른자,
소금을 넣고 섞은 다음
설탕, 우유, 카놀라유를
차례로 섞는다.

2 다른 볼에 밀가루,
밀기울, 베이킹파우더를
섞어 ①에 붓고 주걱으로
섞는다.

3 완전히 반죽이
되면 채썬 연근을 넣고
섞는다.

4 패닝
기름칠한 파운드틀에
반죽을 붓고 윗면을
매끈하게 정리한다.

5 주걱을 기름에
담갔다가 꺼내어 반죽
가운데를 길이로 꾹
눌러 가른다. 가운데가
자연스럽게 갈라진다.

6 굽기
윗면에 연근 조각을 얹어
장식한 다음 180℃로
예열한 오븐에서 35분간
굽는다.

바나나무화과
소다빵

베이킹파우더와 베이킹소다를 함께 넣어 반죽은 작아도 오븐에 구우면
큼직하게 부풀어 오른다. 바나나와 무화과가 들어가 향긋하고 달콤해서
언제나 먹기 편하다.

재료 준비 : 15분　　반죽 : 5분　성형 : 5분　　　　굽기 : 35분　　　　완성

ingredients ●

우리밀 밀가루 250g
베이킹파우더 3g
베이킹소다 3g
바나나 100g
달걀 1개
메이플슈거 50g
천일염 2g
우유 50g
반건조 무화과 100g
화이트와인 50g
*무화과는 작게 잘라 화이트
와인에 절여둔다.
장식용 바나나 3~4조각

how to make ●

1 바나나 으깨기
볼에 바나나를 넣고
손으로 주물러 곱게
으깬다. 믹서에 갈아도
된다.

2 반죽하기
①에 달걀을 넣고
거품기로 섞은 뒤
메이플슈거, 소금을 넣고
섞는다.

3 ②에 우유를 넣고
섞는다.

4 밀가루에
베이킹파우더와
베이킹소다를 섞어 ③에
넣고 주걱으로 섞는다.

5 반죽대에 덧가루를
뿌리고 반죽을 쏟은 뒤
스크래퍼로 동그랗게
다듬는다.

6 부재료 넣기
반죽을 적당히 펼쳐
화이트와인에 절여둔
무화과를 체에 건져
물기를 빼고 넣는다.

7 스크래퍼를 이용해
반으로 접어가며 고루
섞는다.

8 성형 · 굽기
반죽을 오븐팬에 동그랗게 놓고 위에 열십자로 칼집을
낸 다음 바나나를 장식으로 얹고 180℃로 예열한
오븐에서 35분간 굽는다.

검은곡물스콘

검은콩가루 · 검은깻가루 · 흑미가루 등 몸에 좋다는 검은 가루를
모두 넣어 스콘을 만든다. 까만 반죽이 먹음직스럽게 구워지니 만드는
재미도 있다. 반죽을 버리지 않도록 마지막 남은 자투리까지 모아서 굽는다.

ingredients ●

우리밀 밀가루 100g

검은콩가루 50g

검은깻가루 50g

흑미가루 50g

베이킹파우더 10g

아가베시럽 75g

천일염 3g

해바라기씨유 80g

달걀 1개

요구르트 80g

검은깨 약간

우유달걀물 약간

*우유달걀물은 달걀 1개, 우유 100g, 물 100g,
소금 약간을 섞어서 만들어 씁니다.

흑미가루

흑미를 곱게 갈아 만든 것으로 흰 쌀가
루처럼 글루텐이 들어 있지 않아 단독
으로는 빵을 만들 수 없다. 흑미의 검은
색은 안토시아닌이라는 색소로 항산화
효과가 있고, 다른 미네랄도 풍부하다.
글루텐이 있는 다른 가루와 섞어서 사
용한다.

재료 준비 : 15분   반죽 : 20분   성형 : 15분

how to make ●

1 반죽하기
볼에 달걀, 아가베시럽,
요구르트, 소금,
해바라기씨유를 넣고
섞는다.

2 거품기로 섞으면 물과
기름 성분이 유화되어
걸쭉하게 섞인다.

3 다른 볼에
밀가루, 검은깻가루,
검은콩가루, 흑미가루,
베이킹파우더를 넣고
섞는다.

4 ②에 ③을 넣고 나무주걱으로 되직하게
반죽하는데, 수분이 모자라면 우유를 좀 더 넣는다.

5 힘있게 섞어 반죽한
다음 반죽대에 덧가루를
뿌리고 반죽을 쏟는다.

6 손으로 덧가루를 쓸어
올리면서 서너 번 치대어
모양을 잡는다.

7 성형
밀대로 도톰하게 민다.

baking tip ●

반죽에 들어가는 기름은
반죽에 넣는 기름은 때에 따라 올리브유을 쓰기도 하고
해바라기씨유를 쓰기도 한다. 기름마다 독특한 향미가
있지만 맛에 크게 영향을 주지는 않으므로 혼용해도 된
다. 버터나 마가린을 넣어도 되지만 반죽하는 방법에 따
라 넣는 법이 달라지니 주의한다.

8 밀대로 가장자리를
톡톡 치면서 사각형으로
모양을 잡는다.

9 직사각형으로
가장자리를 반듯하게
잘라낸다.

10 반을 갈라 하나는
작은 사각형으로 자른다.

11 다른 하나는
삼각형으로 자른다.

12 ⑨에서 잘라낸
자투리 반죽을 뭉쳐서
동그랗게 모양을 만든다.

13 자투리 반죽도
잘라서 오븐팬에 얹는다.

14 성형
윗면에 우유달걀물을 바르고 검은깨를 조금씩 뿌려
200℃로 예열한 오븐에 넣어 20분간 굽는다.

❝ 옛날부터 야채를 다져 넣고 만든 야채빵은 남녀노소 모두가 좋아했습니다.
대표적인 것이 튀겨서 만든 야채 크로켓으로 많은 사람들의 추억 속에 있지요.
요즘의 샌드위치를 대신하는 빵 아닐까요? 건강을 생각해 각종 야채를 빵에 넣어봅니다.
야채 한 가지로 풍미가 더 좋아지고 영양의 균형도 가져옵니다.
부재료가 넉넉히 들어가 속까지 든든한 새로운 스타일의 야채빵을 만들어볼까요? ❞

야채가 들어간 간식용 빵
veggie bread

양파롤

양파와 치즈를 넉넉히 넣고 속 재료가 튀어나오도록
반죽을 벌려 굽는다. 반죽을 오랫동안 잘 치대서
결이 살아 있게 만드는 것이 포인트. 잘게 썬
모차렐라치즈와 파르메잔치즈가 풍부한 맛을 내준다.

ingredients ●

우리밀 밀가루 190g

호밀가루 10g

아가베시럽 20g

천일염 4g

인스턴트 드라이이스트 7g

달걀 1개

물 75~80g

상온에 둔 무염버터 40g

부재료

다진 양파 150g

잘게 썬 모차렐라치즈 50g

파르메잔치즈가루 10g

올리브유 약간

천연 감미료, 아가베시럽

최근 설탕 대용으로 인기를 끌고 있는
아가베시럽은 멕시코에서 자라는 용설
란 속에 고인 천연 즙을 정제해 만든 것
이다. 당도는 설탕보다 높은데 식이섬유
의 일종인 이눌린과 비타민, 아미노산
등 영양 성분이 들어 있으며 당지수가
낮아 당뇨 환자에게도 권한다. 꿀이나
메이플시럽과 달리 향이 없어 빵에 넣으
면 다른 재료의 맛을 해치지 않는다. 미
국·일본·스위스 등지에서 인증받은 유기농 제품으로 이유기
아이를 둔 주부들 사이에 인기가 높다.

재료 준비 : 10분　　반죽 : 20분　　1차 발효 : 40분

how to make ●

1 반죽하기
밀가루에 호밀가루,
소금, 이스트를 넣고
손으로 대강 섞는다.

2 달걀, 아가베시럽,
물을 넣고 손으로 섞어
힘있게 반죽한다.

3 1차 발효
버터를 넣고 다시 치대어
반죽한 다음 동글려 볼에
담고 랩을 씌워 40분간
1차 발효한다.

4 벤치 타임
발효가 완료되면
반죽대에 반죽을
꺼내놓고 동글린 다음
랩을 덮어 10분간 둔다.

5 부재료 넣기
반죽을 밀대로 얇게
밀어 붓으로 올리브유를
바른다.

6 다진 양파를
고루 펼친다. 양파는
냉장고에서 꺼낸 차가운
상태로 넣으면 발효
시간이 길어지므로
상온에 둔 것을 쓴다.

7 모차렐라치즈를
뿌리고 파르메잔치즈
가루를 분량의 2분의
1만 고루 뿌린다. 나머지
분량은 토핑용으로
남긴다.

8　성형
반죽을 끝에서부터 돌돌
만다.

9 반죽의 끝 부분을
손으로 꼭꼭 집어가며 잘
여민다.

10 스크래퍼나 칼을
이용해 반죽을 반으로
가르되 한쪽 끝은 5cm
정도 남겨둔다.

부재료를 넣을 경우 더 오래 굽는다
양파롤은 양파의 수분 때문에 빵이 잘 안 익으
므로 다른 빵보다 10~15분간 더 굽는다. 견과
류나 건포도처럼 마른 재료는 상관없지만 수
분이 있는 재료를 넣을 경우 굽는 온도를 낮춰
서 오래 구워야 한다.

11 속의 내용물이
드러나도록 반죽을
뒤집어 꼰다.

12 동그랗게 말아
모양을 만든다.

13　2차 발효
반죽을 종이틀에 담고 랩을 씌워 40분간 2차
발효한다.

14　굽기
반죽이 부풀면
발효를 끝내고 남은
파르메잔치즈가루를
뿌려 180℃로 예열한
오븐에서 20~25분간
굽는다.

밤캄파뉴

큰직한 밤이 넉넉히 들어가 풍성하고 먹음직스럽다.
밤조림을 넣으면 잼을 바르지 않아도
적당히 달콤해서 맛있게 먹을 수 있다.

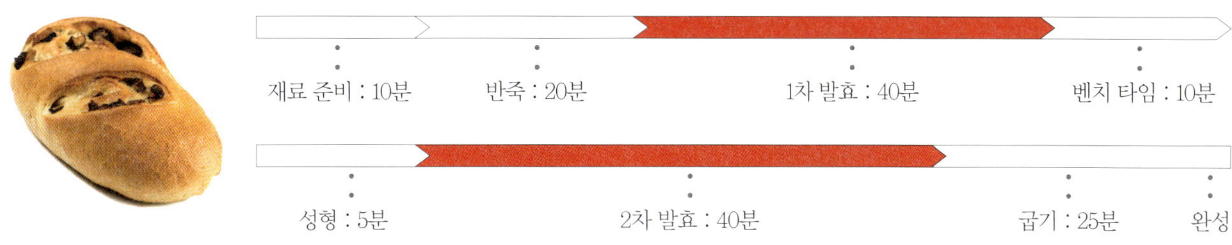

ingredients ●

우리밀 밀가루 175g
호밀가루 75g
인스턴트
드라이이스트 6~7g
천일염 5g
꿀 5g
물 160~170g
보늬밤(밤조림) 150g
우유달걀물 약간

how to make ●

1 반죽하기
물에 꿀을 넣고 섞어
놓는다.

2 밀가루, 호밀가루에
이스트와 소금을 서로
닿지 않게 넣고 섞은 다음
①을 붓는다.

3 가운데부터 가장자리
쪽으로 잘 섞어서
반죽하고 20분간 힘있게
치댄다.

4 1차 발효
반죽을 동글려 볼에 담고
랩을 덮어 40분간 1차
발효한다.

5 반죽이 2배 이상
부풀면 반죽대에 쏟아
손바닥으로 두들겨
가스를 빼고 서너 번
접어가며 반죽한다.

6 부재료 넣기
반죽을 손바닥으로
두들겨 넓게 펼치고
3~4등분한 보늬밤을
고루 올린 다음 돌돌
만다.

7 성형
끝 부분을 손으로 꼭꼭
쥐어 잘 여민 다음
오븐팬에 여민 부분이
아래로 가도록 놓는다.

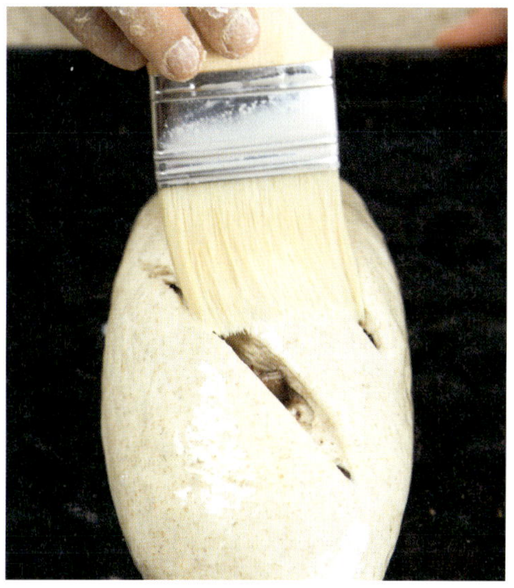

8 2차 발효 · 스팀 주어 굽기
비닐을 덮어 40분간 발효한 다음 윗면에 사선으로
칼집을 내고 우유달걀물을 발라 250℃로 예열한
오븐에서 스팀을 주고 200℃로 낮춰 25분간
굽는다(189쪽 참조).

단호박캄파뉴

단호박을 넣어 만들고 모양도 호박처럼 생겨 햄러윈 파티를 연상케 하는 빵이다.
갈라진 틈으로 살짝 보이는 자색고구마가 더욱 입맛을 당긴다.
천연 재료만으로 만들었지만 모양이 좋고 색감이 풍부해 아이들도 좋아한다.

ingredients ●

우리밀 밀가루 175g
전립분 25g
천일염 5g
유기농설탕 5g
인스턴트 드라이이스트 6~7g
삶은 단호박 100g
올리브유 15g
달걀 1개
물 100g
삶은 자색고구마 100g
호박씨 50g

자색고구마

붉은색을 내는 안토시아닌이라는 색소는 항산화 작용이 뛰어나다. 이 물질을 가진 고추·포도·블루베리 등은 건강식품으로 꼽힌다. 고구마도 껍질에 안토시아닌이 많아 껍질째 먹어야 더 좋은데, 자색고구마는 고구마 자체에도 안토시아닌이 풍부하다. 한암작용과 고혈압에도 효과 있는 것으로 보고되면서 더욱 관심을 끌고 있다. 우리나라는 전북지역에서 많이 재배하고, 빵이나 떡에 많이 응용한다. 삶아서 반죽할 때 넣어도 되고 작게 썰어 넣어도 어울린다.

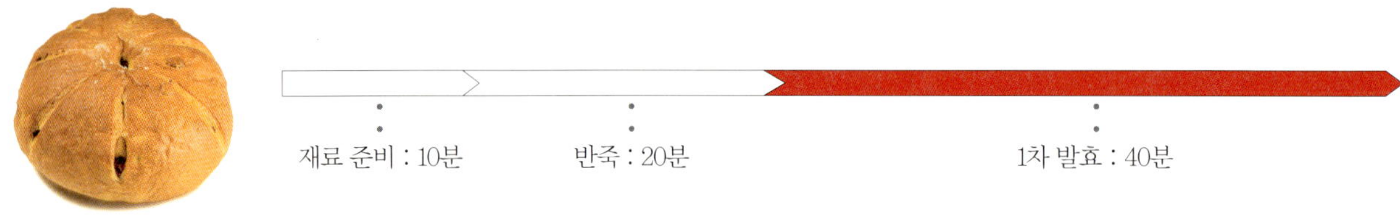

how to make ●

1 반죽하기
밀가루에 전립분, 설탕,
소금, 이스트를 서로
닿지 않게 넣고 섞는다.

2 분화구 모양으로
만들어 가운데에 삶은
단호박을 놓는다.

3 달걀과 올리브유도
넣는다.

5 호박을 손으로 쥐어
으깨면서 가루와 함께
고루 섞는다.

6 20분 정도 충분히
반죽한다.

7 부재료 넣기
반죽을 펼치고 호박씨를
고루 넣는다.

4 삶은 단호박 상태에 따라 물의 양이 달라지므로
물은 농도를 봐가며 넣는다.

baking tip ●

수분 있는 재료는 물 양을 주의한다
삶은 단호박처럼 수분이 있는 재료를 반죽에 넣을 때는
물 양을 조절해야 한다. 단호박은 삶았을 때 질척한 것도
있고 파삭파삭할 정도로 수분이 적은 것도 있다. 같은 양
을 넣더라도 반죽에 필요한 물의 양은 크게 차이가 난다.
많은 양을 반죽할 때는 삶은 단호박 상태에 따라 물이 몇
리터씩 차이가 나기도 한다.

8 가장자리부터 당겨서 돌돌 말고 여러 번 접어가며 반죽한다.

9 **1차 발효**
호박씨가 고루 섞이면 동글려 볼에 담고 랩을 씌워 40분간 1차 발효한다.

10 **벤치 타임**
반죽이 2~2.5배로 부풀면 반죽대에 쏟아낸 다음 동글려서 10분간 휴지한다.

11 **부재료 넣기**
서너 번 치댄 다음 넓게 펴서 삶은 자색고구마의 반을 넣고 반죽을 한 번 접는다. 나머지 고구마를 그 위에 놓고 다시 접는다. 그래야 고구마가 으깨지지 않는다.

12 **성형 · 2차 발효**
반죽을 살살 동글려 오븐팬에 놓고 비닐을 덮어 40분간 2차 발효한 다음 손가락에 밀가루를 묻혀 가운데를 꾹 눌러 호박 모양을 만든다.

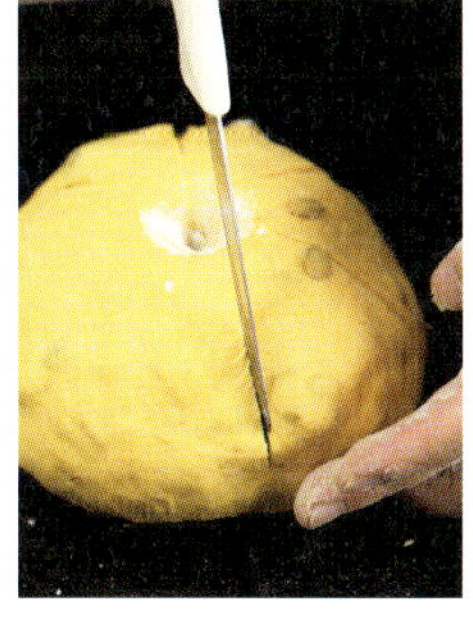

13 **스팀 주어 굽기**
가장자리로 돌아가며 칼집을 내고 230℃로 예열한 오븐에 넣고 스팀을 준 다음 온도를 180℃로 낮춰 25분간 굽는다.

스팀 주어 굽기
바게트나 캄파뉴처럼 겉은 딱딱하고 속은 말랑말랑한 빵을 만들려면 반죽을 오븐에 넣은 직후 스팀을 씌어 굽는다. 스팀을 주는 방법은 오븐 아래 칸에 조약돌을 한 접시 놓고 230~250℃로 20분 정도 예열한 다음 반죽을 넣는다. 그리고 돌이 담긴 접시에 뜨거운 물을 400~500ml 붓고 바로 오븐 문을 닫는다. 그러면 수증기가 순간적으로 올라온다. 스팀을 준 후에는 오븐의 온도를 빵에 적당한 온도로 낮춰 정해진 시간만큼 굽는다.

감자치아바타

이탈리아어로 '슬리퍼'를 뜻하는 '치아바타'. 생긴 모양이 슬리퍼처럼
푹 퍼져 있어서 이런 이름이 붙었다. 반죽에 삶은 감자를 넣어 부드럽고
더 고소하다. 말랑말랑한 치아바타는 샌드위치빵으로도 좋다.

ingredients ●

- 우리밀 밀가루 300g
- 세몰리나 75g
- 천일염(반죽용) 8g
- 인스턴트 드라이이스트 5~6g
- 물 260g
- 올리브유 40g
- 찐 감자 370g
- 천일염(감자용) 3g

세몰리나

이탈리아에서 파스타 반죽을 할 때 쓰
는 가루로 듀럼밀을 갈아서 만든다. 입
자가 거칠고 노란빛이 나는데, 파스타
는 물론, 빵에도 자주 사용한다. 물을 넣
고 끓이면 부드러워져 유럽에서는 디저
트에 사용하기도 한다. 빵 반죽에 넣으
면 글루텐이 많아 빵 표면이 단단해지
고 고소한 맛을 낸다.

재료 준비 : 10분　　　반죽 : 20분　　　　　　발효 : 40분

how to make ●

1 반죽하기
밀가루에 세몰리나,
소금, 이스트를 넣고
섞는다.

**2 분화구 모양을
만들어 가운데에 물과
올리브유를 넣고 섞는다.**

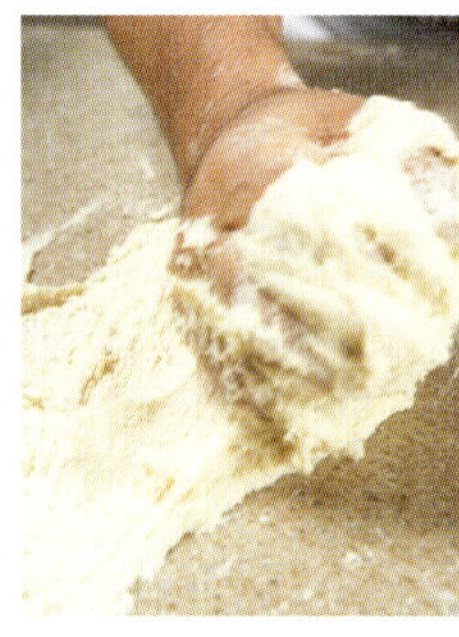

**3 반죽대에 문지르듯이
원을 그리며 반죽한다.**

4 질척한 상태의 반죽을 만든다.

5 감자 준비하기
삶은 감자에 소금을 넣고
손으로 주물러 섞는다.

빵을 보관할 때는
캄파뉴 종류의 빵은 겉은 딱딱하고 속은 말랑할 때 가장
맛있다. 구워서 그날 먹는 것이 가장 좋지만 빵이 남았다
면 비닐에 넣어 냉동해두었다가 먹고 싶을 때 꺼내어 한
시간 정도 해동하고 오븐에 살짝 구워서 먹는다. 빨리 데
우려고 전자레인지에 데우면 빵이 딱딱하게 굳으므로
절대로 전자레인지는 쓰지 말 것. 비닐봉지에 넣어두면
겉이 질겨지고 바삭한 느낌이 사라진다. 종이봉투에 담
으면 겉 표면이 질겨지는 것은 조금 막을 수 있으나 건조
할 때는 금세 말라버리므로 주의한다.

6 감자 넣기

④의 반죽에 ⑤의 감자를 넣고 반죽한 다음 감자가 따로 보이지 않을 때까지 치댄다.

7 발효

반죽이 매끄러워지면 스크래퍼로 떠서 볼에 담고 랩을 덮어 40분간 발효한다.

8 벤치 타임

반죽대에 덧가루를 넉넉히 뿌리고 발효된 반죽을 쏟아 동글린 뒤 비닐을 덮어 10분간 둔다.

9 성형

덧가루를 뿌리고 긴 사각형으로 만들어 4등분한다.

10 굽기

오븐팬에 올려 180℃로 예열한 오븐에서 20분간 굽는다.

카레난빵

화덕에 굽는 인도의 난을 응용해서 야채빵을 만든다.
카레가루를 넣고 볶은 야채를 넉넉히 깐 뒤 얇게 밀어 구우면
향신료 향이 은은한, 이국적인 맛의 빵이 된다.

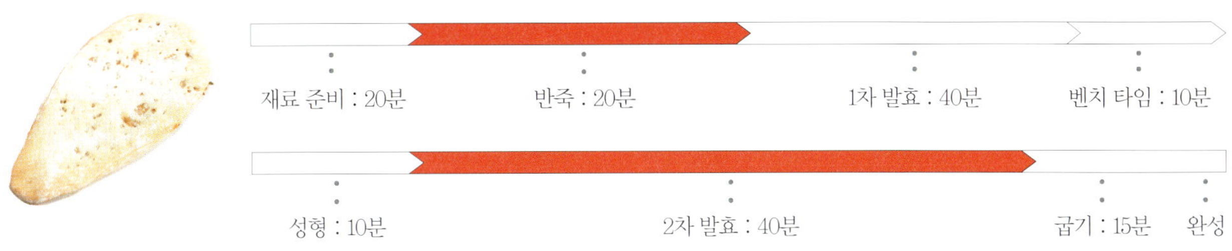

재료 준비 : 20분   반죽 : 20분   1차 발효 : 40분   벤치 타임 : 10분

성형 : 10분   2차 발효 : 40분   굽기 : 15분   완성

ingredients ●

우리밀 밀가루 220g
전립분 30g
메이플시럽 30g
천일염 3g
인스턴트
드라이이스트 5g
베이킹파우더 6g
달걀 1개
물 110~120g

카레 야채볶음

다진 돼지고기 120g
다진 양파 ½개 분량
다진 피망 ½개 분량
토마토케첩(토마토
페이스트) 30g
카레가루 10g
소금 · 후춧가루 · 식용유
석낭량씩

how to make ●

1 부재료 준비
프라이팬에 기름을
두르고 다진
돼지고기 · 양파 ·
피망을 넣고 볶다가
소금, 후춧가루로
간하고 카레가루와
토마토케첩을 넣어
볶는다.

2 반죽하기
물에 달걀, 메이플시럽,
소금을 넣어 거품기로
섞고, 밀가루에 전립분,
이스트, 베이킹파우더를
섞어 넣어 반죽한다.

3 1차 발효
반죽을 20분간 치댄
뒤 동글려서 볼에 담고
랩을 씌워 40분간 1차
발효한다.

4 벤치 타임
발효된 반죽을 꺼내
반죽대에 놓고 6등분하여
동글린 뒤 랩을 씌워
10분간 둔다.

5 성형
덧가루를 뿌리고 6개의
반죽을 얇게 민다.

6 ①의 볶은 야채를
3등분하여 반죽 3개에
올리고 고루 펼친다.

7 얇게 민 반죽을
하나씩 덮고 밀대로 길게
민다.

8 2차 발효 · 굽기
오븐팬에 놓고 랩을 씌워 40분간 2차 발효한 다음
190℃로 예열한 오븐에서 15분간 굽는다.

흑설탕버섯빵

양송이버섯과 치즈가 들어가 샌드위치를 먹는 것처럼 풍부한 맛이 난다.
치즈는 일반 슬라이스치즈를 서너 겹 겹쳐 한꺼번에 잘라 작은 주사위처럼
만들어서 쓴다. 갓 구워 따뜻할 때 먹어야 맛있다.

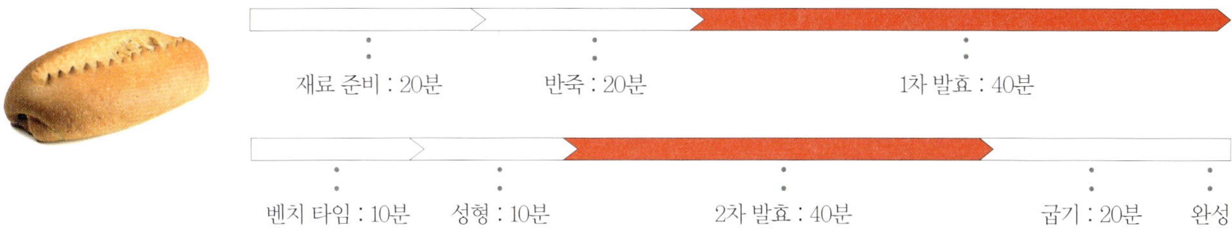

ingredients ●

우리밀 밀가루 200g
통밀가루 50g
인스턴트 드라이이스트 6~7g
두유 85g
물 80g
카놀라유 20g
흑설탕 40g
천일염 5g
양송이 볶은 것 100g
체다치즈 50g

how to make ●

1 반죽하기
밀가루에 통밀가루와 이스트를 넣고 섞는다.

2 다른 볼에 두유, 물, 카놀라유, 소금, 흑설탕을 넣고 거품기로 섞어 ①에 붓고 나무주걱으로 반죽한다.

3 1차 발효
대강 섞이면 반죽대에 쏟아 20분 이상 치댄 다음 동글려 볼에 담고 랩을 씌워 40분간 1차 발효한다.

4 벤치 타임
반죽을 꺼내어 손으로 매만져 동글린 다음 랩을 덮어 10분간 둔다.

5 부재료 넣기
양송이를 얇게 썰어 프라이팬에 기름을 살짝 두르고 볶아 체에 밭쳐 수분을 뺀다. ④의 빈죽을 밀대로 밀어 볶은 버섯을 올린다.

6 체다치즈를 군데군데 놓고 돌돌 만다.

7 2차 발효 · 굽기
반죽 끝을 잘 여며 오븐팬에 놓고 랩을 덮어 40분간 2차 발효한 다음 가위로 윗면에 모양을 낸나. 190℃로 예열한 오븐에서 20분간 굽는다.

반찬 필요없는 나물밥 같은 빵

방울토마토 아스파라거스빵

큼직한 빵 안에 탱글탱글한 방울토마토와 아스파라거스가 그대로 들어 있는 영양빵.
윗면에 치즈를 뿌려 고소한 맛을 더했다. 음료 한 잔을 곁들이면 건강 간식이 된다.

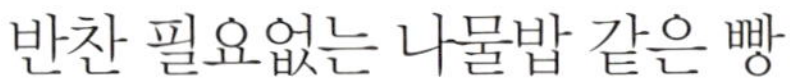

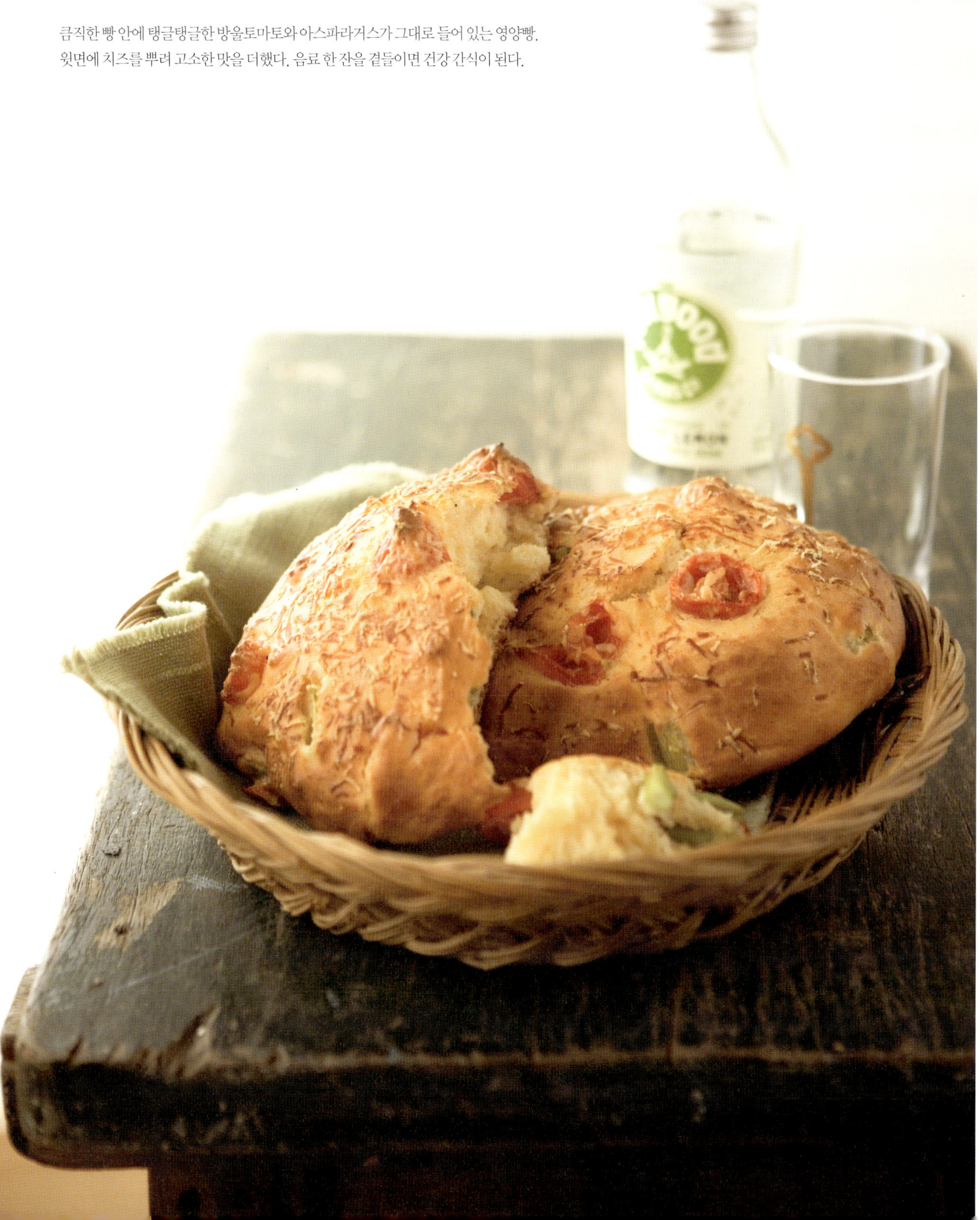

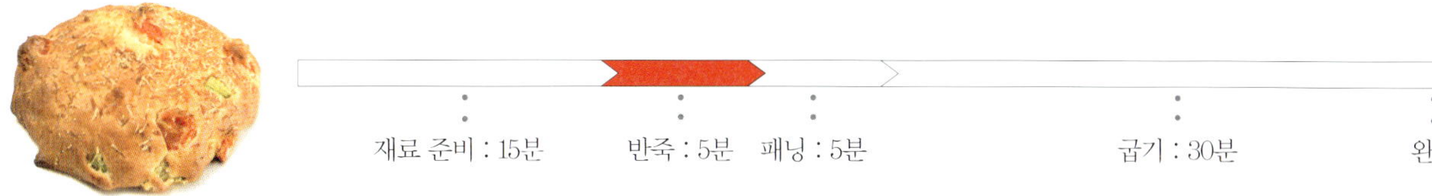

재료 준비 : 15분　　　반죽 : 5분　패닝 : 5분　　　　　　　굽기 : 30분　　　완성

ingredients ●

우리밀 밀가루 250g
인스턴트
드라이이스트 6g
베이킹파우더 7g
달걀 1개
꿀 25g
천일염 5g
우유 130g
올리브유 40g
방울토마토 10개
아스파라거스 3줄기
파르메잔치즈 약간

how to make ●

1 반죽하기
볼에 달걀, 꿀, 소금,
우유, 올리브유를 넣고
거품기로 섞는다.

2 밀가루에 이스트와
베이킹파우더를 넣고
섞는다.

3 ①에 ②를 넣고
주걱으로 섞어 반죽한다.

4 부재료 넣기
아스파라거스와 방울
토마토를 썰어서 반죽에
넣고 살살 섞는다.

5 패닝
오븐팬에 반죽을 적당량씩 덜어 넣는다.

6 동그랗게 모양을
잡는다.

7 굽기
파르메잔치즈를 갈아서
뿌리고 180℃로 예열한
오븐에서 30분간 굽는다.

카로틴이 풍부한 당근이 듬뿍

허니 캐롯빵

당근에는 눈에 좋은 카로틴이 다량 함유되어 있다. 빵에 당근을 넣으면
풍미가 좋아 편식하는 사람도 곧잘 먹는다. 꿀을 넣어 달콤한 맛을 더한 건강빵이다.

재료 준비 : 15분　　반죽 : 5분　패닝 : 5분　　　　　굽기 : 30분　　　　완성

ingredients ●

우리밀 밀가루 250g
베이킹파우더 10g
꿀 50g
천일염 3g
달걀 2개
요구르트 50g
우유 50~60g
채썬 당근 200g

how to make ●

1 반죽하기
볼에 달걀, 소금, 꿀,
요구르트, 우유를 넣고
거품기로 섞는다.

2 밀가루에
베이킹파우더를 넣어
섞는다.

3 ①에 ②를 넣고
고무주걱으로 섞어
반죽한다.

4 부재료 넣기
채썬 당근을 넣고
섞는다.

5 패닝 · 굽기
반죽을 오븐팬에 두
덩어리로 나눠 얹고
180℃로 예열한 오븐에서
30분간 굽는다. 구울 때
반죽이 부풀 수 있으므로
반죽 사이에 간격을
넉넉히 준다.

주키니호박빵

이탈리아 요리에 자주 사용하는 주키니호박을 요리가 아닌 빵에 넣었다.
주키니호박이 익으면서 빵을 더 촉촉하게 만들어준다. 모양도 재미있고
맛도 있는 빵이다.

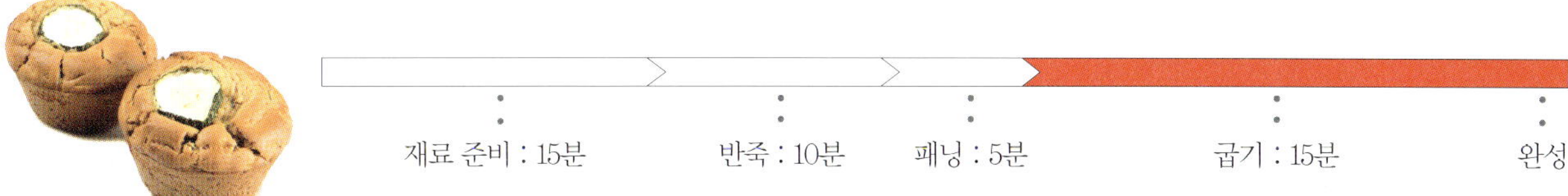

ingredients ●

우리밀 밀가루 150g
순 쌀가루 75g
베이킹파우더 7g
달걀 2개
유기농설탕 90g
천일염 2g
우유 100g
카놀라유 45g
채썬 주키니호박 240g
장식용 주키니호박 적당량

how to make ●

1 반죽하기
볼에 달걀, 소금, 설탕을
넣고 거품기로 섞는다.

2 우유, 카놀라유를
차례로 넣고 섞는다.

3 밀가루에 쌀가루와
베이킹파우더를 섞어
②에 넣는다.

4 주걱으로 저어
매끄럽게 반죽한다.

5 부재료 넣기
채썬 주키니호박을 넣고
주걱으로 살살 버무린다.

6 패닝
기름칠한 머핀컵에
반죽을 떠서 담는다.

7 굽기
호박을 도톰하게 썰어
하나씩 얹고 180℃로
예열한 오븐에서 15분간
굽는다.

흑설탕
고구마빵

흑설탕은 백설탕과 달리 구수한 맛이 있다. 그 맛이
고구마와 어우러져 독특한 맛을 내는데, 밀가루가 아닌
쌀로 만들어 더 매력적이다.

ingredients ●

제빵용 쌀가루 200g

흑설탕 20g

천일염 4g

인스턴트
드라이이스트 5g

달걀 1개

우유 60g

물 50g

해바라기씨유 20g

토핑

작게 썬
삶은 고구마 150g

흑설탕 적당량

how to make ●

1 반죽하기
볼에 쌀가루, 소금,
이스트, 흑설탕을 섞고,
다른 볼에 우유, 물,
달걀, 해바라기씨유를
섞는다.

2 액체 섞은
것을 가루에 붓고
나무주걱으로 섞는다.

3 케이크 반죽처럼
매끈해지도록 충분히
젓는다. 적당한 글루텐이
생기고 반죽의 농도도
조절할 수 있다.

4 틀 준비하기
원형 틀에 종이를 깔고
옆면에 기름을 살짝 칠
한다.

5 패닝
반죽을 틀에 붓는다.

6 부재료 얹기
위에 잘라놓은 고구마를
얹는다.

7 발효 · 굽기
흑설탕을 뿌리고 비닐을 덮어 30분간 발효한 다음
180℃로 예열한 오븐에서 25분간 굽는다.

녹차콩쌀빵

녹차를 넣은 쌀반죽에 완두콩, 팥, 강낭콩을 듬뿍 올려 구운 쌀빵으로 달콤한
콩조림이 씹혀 더 맛있다. 만들어서 하루 지나 먹으면 더 부드럽고 맛있다.

ingredients ●

순 쌀가루 200g
쌀튀밥 10g
녹차가루 4g
유기농설탕 20g
천일염 2g
쌀풀종 40g
인스턴트
드라이이스트 5g
미지근한 물 170g

쌀풀종
쌀가루 60g
물 300g

토핑
팥배기 · 완두배기 · 강낭콩배기 약간씩

쌀튀밥

간식으로 흔히 먹는 쌀튀밥은 100% 쌀
이다. 이것을 푸드 프로세서에 곱게 갈
면 쌀가루와는 또 다른 쌀가루가 된다.
보슬보슬한 튀밥가루를 쌀빵에 함께
쓰면 쌀가루의 보조 역할을 한다. 수분
이 거의 없고 워낙 가벼워 10g 정도면
한 공기 분량이다. 푸드 프로세서에 갈 때도 입자가 가벼워 오랫
동안 갈아야 한다.

재료 준비 : 10분   죽종 만들기 : 20분   패닝 : 10분

how to make ●

1 풀종 만들기
쌀가루 60g에 물 300g을 부어 풀을 쑨다. 거품기로
저어가며 매끄러운 풀이 되도록 살짝 끓인 다음
불에서 내려 식힌다.

2 쌀튀밥가루 만들기
푸드 프로세서에
쌀튀밥을 넣고 곱게 갈아
가루를 만든다.

3 반죽하기
볼에 물, 설탕, 소금을
넣어 거품기로 설탕이
녹도록 섞는다.

4 다른 볼에 쌀가루,
이스트, 녹차가루를 넣고
섞는다.

5 ④를 ③에 붓는다.

6 ②의 쌀튀밥가루를 ⑤에 붓는다.

풀종과 쌀튀밥가루
쌀케이크나 쌀빵을 만들 때 재미있는 방법의
하나로 풀종과 튀밥가루를 이용하는 방법이
있다. 쌀가루로 풀을 쑤어 만드는 풀종은 쌀빵
의 구조를 단단하게 해주는 역할을 하고, 쌀튀
밥가루는 쌀가루의 보조 역할을 해준다.

7 ①의 쌀풀종을 넣는다.

8 고무주걱으로 반죽이 매끈해지도록 충분히 섞는다.

9 패닝

반죽을 3개의 납작한 원형 그릇에 나눠 넣고 고무주걱으로 윗면을 평평하게 펼친다.

10 발효 · 굽기

완두배기, 팥배기, 강낭콩배기를 고루 얹고 비닐을 덮어 30분간 발효한 다음 160℃로 예열한 오븐에서 40분간 굽는다.

야채쌀빵

감자 · 고구마 · 호박 · 아스파라거스 등 단단한 야채들을 원하는 대로
얹어서 구운 빵이다. 오븐에 넣어 구우면 야채도 더 맛있고 빵에 따로
단맛을 주지 않아도 담백하게 먹을 수 있다.

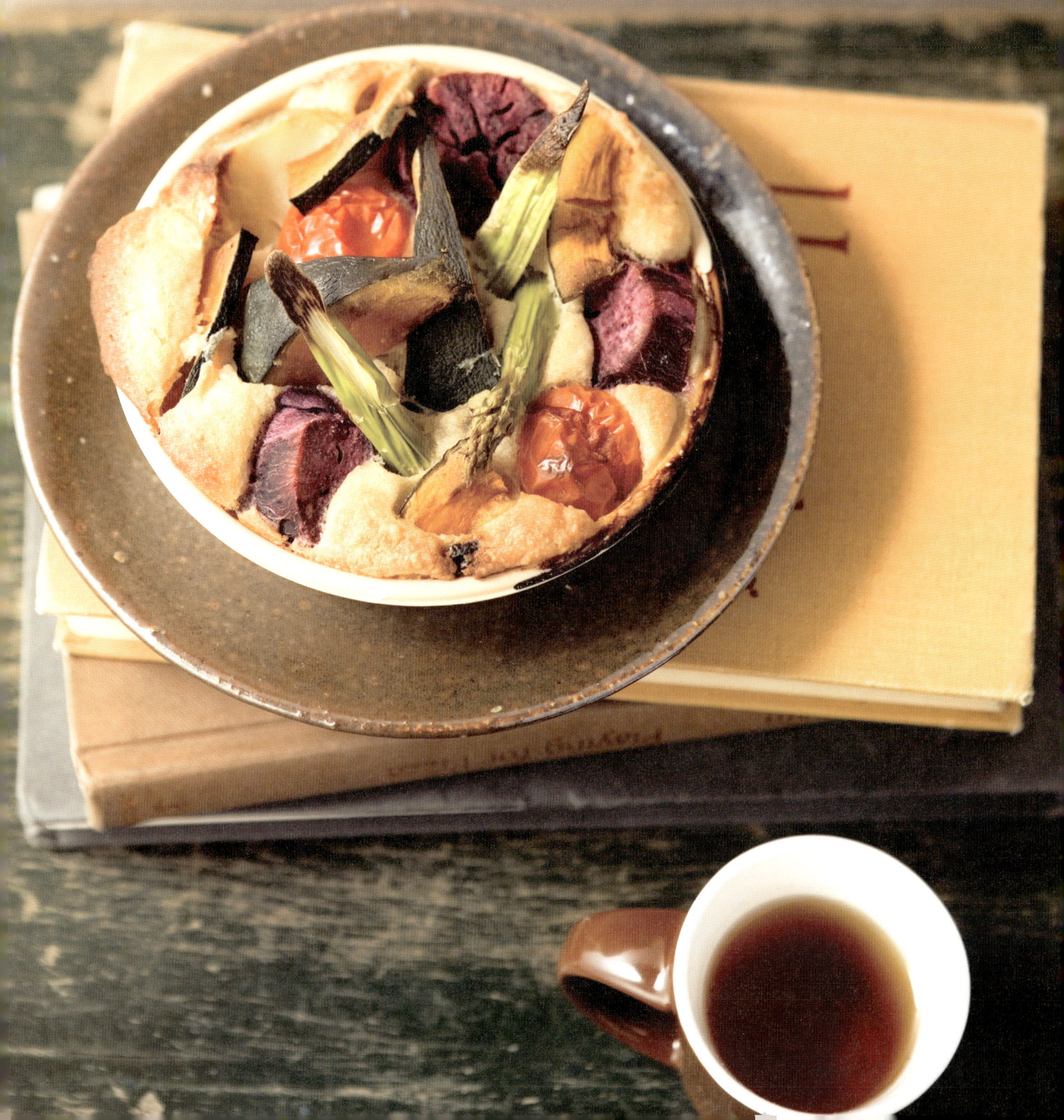

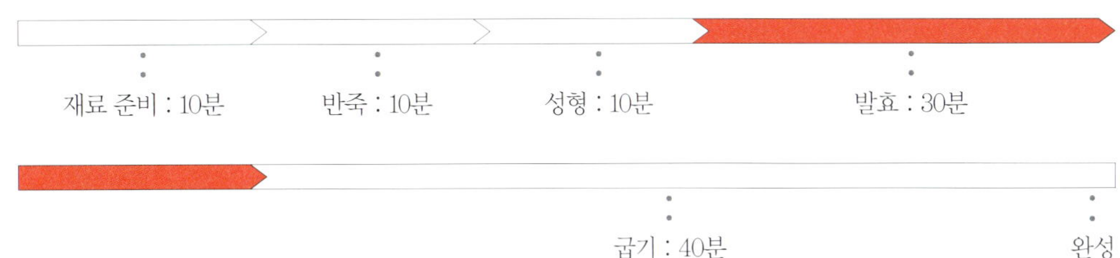

재료 준비 : 10분 반죽 : 10분 성형 : 10분 발효 : 30분

굽기 : 40분 완성

ingredients ●

순 쌀가루 300g

쌀튀밥 20g

유기농설탕 10g

천일염 3g

쌀풀종(212쪽 참조) 60g

인스턴트
드라이이스트 6g

미지근한 물 250g

건포도 120g

토핑

단호박 ¼개

아스파라거스 3~4줄기

삶은 감자 1개

삶은 자색고구마 1개

방울토마토 3~4개

how to make ●

1 반죽하기
볼에 물, 설탕, 소금을 넣고 거품기로 섞는다.

2 다른 볼에 쌀가루와 이스트를 넣어 섞는다.

3 쌀튀밥을 푸드 프로세서로 곱게 갈아 가루로 만든다.

4 ①에 ②를 넣고 ③의 쌀튀밥가루, 풀종을 넣어 고무주걱으로 섞은 뒤 힘있게 치대어 덩어리지지 않고 매끈해지도록 반죽한다.

5 부재료 넣기
건포도를 넣어 섞는다.

6 발효 · 굽기
반죽을 틀에 붓고 윗면을 고르게 한 다음 야채를 골고루 올린다. 30분간 발효한 뒤 160℃로 예열한 오븐에서 40분간 굽는다.

❝샌드위치 맛의 관건은 속이 아니라 겉, 빵이라는 사실을 아는 사람이 많지
않더군요. 어떤 빵을 사용하느냐에 따라 샌드위치의 품격이 달라지지요.
우리밀로 만든 빵에 속 재료도 그에 걸맞는 몸에 좋고 신선한 것으로 채웁니다.
학교에서 돌아온 아이들에게 든든한 영양 간식으로,
휴일에는 간단한 샐러드를 곁들여 홈메이드 스타일의 브런치로 즐길 수 있는
간편하면서도 실속있는 메뉴를 소개합니다. **❞**

건강 샌드위치
well-being sandwich

과일샌드위치

아가베시럽을 넣은 달콤한 소스를 바르고 신선한 과일을 두툼하게 썰어 넣는다.
매우 단순해 보이지만 맛에는 부족함이 없다. 오히려 심플해서 새로운 맛이 느껴진다.

ingredients ●

샌드위치용 식빵 6장
키위 1개
사과 ⅓개
딸기 4~5개

마요네즈소스

마요네즈 ½컵
아가베시럽 1큰술

how to make ●

1 소스 만들기
마요네즈에
아가베시럽을 넣고
섞는다.

2 샌드위치 만들기
식빵 한쪽 면에 소스를
바른다.

3 소스를 바른 식빵에 키위를 도톰하게 썰어 얹는다.

**4 사과는 씨 부분을
발라내고 7~8mm
두께로 도톰하게 썰어
얹는다.**

**5 딸기는 반을 잘라
얹는다.**

**6 식빵을 각각 덮어서
반으로 자른다.**

baking tip ●

샌드위치용 식빵은
갓 구워낸 식빵은 부드러워서
그냥 먹기는 좋지만 샌드위치
에는 적당하지 않다. 너무 힘이
없으면 잘 썰리지도 않고 금세
납작해진다. 샌드위치용 식빵
은 만들어 하루 지난 것이 적당
하고 모양도 예쁘다.

버섯오픈샌드위치

곡물빵이나 바게트에 잘 어울리는 샌드위치로 빵 한 쪽에 볶은
버섯과 치즈를 듬뿍 올려 오븐에 구웠다. 버섯과 가지를 볶아 넣어
야채를 골고루 먹을 수 있다. 갓 구워서 따뜻할 때 먹어야 맛있다.

ingredients ●

빵(호밀빵) 2쪽
슬라이스햄 4장
치즈(고다치즈) 4쪽
버터 적당량
양송이버섯 70g
가지 50g
올리브유 적당량
소금 · 후춧가루 약간씩
모차렐라치즈 70g
파슬리가루 약간

how to make ●

1 빵에 실온에 두어
부드러워진 버터를
바른다.

2 얇게 썬 햄과 치즈를
얹는다.

3 양송이버섯과 가지는
썰어서 프라이팬에
올리브유를 두르고
살짝 볶아낸다. 소금,
후춧가루를 약간 뿌려
간한다.

4 ②에 ③의 볶은
야채를 올린다.

5 모차렐라치즈를 듬뿍 올린다.

6 파슬리가루를 살짝
뿌려 190~200℃로
예열한 오븐에서 치즈가
녹을 때까지 굽는다.

drink me chilled
100% good
Organic
Lemonade

훈제연어샌드위치

불포화지방산이 많아 피부에 좋은 연어를 넣고, 연어와 맛이 잘 어울리는 케이퍼와 양파,
크림치즈소스를 이용한 샌드위치다. 부드러운 크루아상을 이용해 맛이 더 고소하다.
케이퍼는 수입식품점에서 병에 든 제품을 구입한다.

ingredients ●

크루아상 2개
훈제연어 4쪽
양파 ¼개
피클 1개
양상추잎 2장
케이퍼 1작은술

크림치즈소스

크림치즈 ⅓컵
사워크림 1큰술
생크림 1½큰술
다진 피클 2큰술

how to make ●

1 크림치즈소스 만들기
먼저 크림치즈를 볼에
넣고 거품기로 부드럽게
푼다.

2 크림치즈가
부드러워지면
사워크림을 섞고,
생크림을 넣어 섞는디.

3 마지막으로 다진
피클을 넣고 섞어 소스를
완성한다.

4 샌드위치 만들기
크루아상을 반으로 갈라
양쪽 단면에 크림치즈
소스를 바른다.

6 양파를 얇게 썰어
올린다.

7 피클을 얇게 썰어
올리고 덮어서 낸다.

5 양상추를 깔고 훈제연어를 2쪽씩 올리고 케이퍼를
적당히 올린다.

HELLO
MUSIC IS
TO MEET YOU
FOR A MEAL
FOR A WALK

브리치즈사과 샌드위치

사과·포도·배·무화과 등 과일은 치즈와 잘 어울린다. 그래서 치즈플레이트를 만들 때도 과일을 꼭 곁들이는데, 이를 응용해 샌드위치를 만든다. 아삭한 사과와 담백한 맛의 브리치즈를 넣어 든든한 간식이 된다. 브리치즈는 동그란 덩어리로 된 것을 사서 방사형으로 잘라서 넣는다.

ingredients ●

작은 바게트 2개
사과 ½개
브리치즈 ½개
치커리잎 약간

버터소스

버터(가염) ⅓컵
올리브유 1½큰술

how to make ●

1 버터소스 만들기
볼에 버터를 넣고 거품기로 부드럽게 푼다. 올리브유를 넣고 섞어 소스를 만든다.

2 샌드위치 만들기
바게트는 작은 것으로 준비해 칼로 반을 자른다.

3 바게트 양쪽 단면에 버터 소스를 바른다.

4 사과는 얇게 썰어 설탕물에 담가두었다가 쓰고, 브리치즈는 방사형 으로 얇게 썬다.

5 치커리잎을 올린다.

6 사과와 브리치즈를 얹고 벌어지지 않도록 종이로 감싸서 내면 먹기 편하다.

올리브포카치아 샌드위치

포카치아를 반으로 잘라 주머니처럼 만들어 그 속에 올리브와 야채 섞은 속을 듬뿍 채운다.
소스로 치즈나 버터를 쓰지 않고 올리브유를 사용하기 때문에 더 담백하다. 유럽 사람들이
짭조름한 올리브를 왜 좋아하는지 알 수 있을 정도로 올리브 맛에 반할 만하다.

ingredients ●

포카치아 1개
블랙올리브 ½컵
그린올리브 ¼컵
데친 브로콜리 ½컵
피망 ¼개
키위 ½개
말린 크랜베리 ½컵
올리브유 1큰술
발사믹식초 1큰술
파르메잔치즈 약간

how to make ●

1 포카치아를 반으로 잘라 안쪽에 칼집을 내어 주머니처럼 벌린다.

2 볼에 블랙올리브와 그린올리브는 반을 잘라서 넣고. 데친 브로콜리도 작게 잘라 넣는다.

3 피망, 키위는 작게 썰어서 넣고 말린 크랜베리도 함께 넣고 고루 섞는다.

4 ③에 올리브유, 발사믹식초를 넣고 섞는다.

5 파르메잔치즈를 갈아 넣고 잘 섞는다.

6 포카치아에 ⑤를 듬뿍 채운다.

로즈마리치킨 샌드위치

닭안심을 직접 재워서 로즈마리와 함께 구우면 집에서도
레스토랑에서 먹는 것처럼 치킨 샌드위치를 만들 수 있다. 치즈나 버터 대신
다진 마늘을 넣은 마늘소스를 이용해 좀더 한국적인 맛을 낸 샌드위치다.

ingredients ●

빵(캄파뉴 종류) 4장
상춧잎 2장
양상춧잎 2장
피클 4~5쪽
절인 양파(통조림) 약간

닭안심구이

닭안심 4쪽
피망 ¼개
양파 ⅛개
소금 · 후춧가루 약간씩
머스터드 1작은술
물 적당량
로즈마리 5줄기
올리브유 약간

마늘소스

마요네즈 80g
발사믹식초 5g
다진 마늘 6g

how to make ●

1 마늘소스 만들기
마요네즈에 다진 마늘과
발사믹식초를 넣고
섞는다.

2 닭안심 재우기
피망과 양파를 잘게 썰어
닭안심에 넣고 머스터드,
소금, 후춧가루를 넣고
버무려 2~3시간 둔다.

3 프라이팬에 ②의
닭안심을 넣고 물을
자작하게 부어 끓인다.
닭고기가 익으면 고기만
건져 식힌 다음 반으로
저민다.

4 프라이팬에
올리브유를 넉넉히
두르고 로즈마리를 넣어
굽는다.

5 로즈마리가 노릇하게
구워지면 준비한
닭안심을 올려 양쪽 면을
노릇노릇하게 굽는다.
그러면 로즈마리 향이
닭고기에 잘 배어든다.

6 빵 2장에 ①의
마늘소스를 바른 뒤
양상추를 얹고 구운
닭고기, 절인 양파,
피클을 얹는다.

7 나머지 빵 2장에는
마늘소스를 바른 뒤
상추를 얹고 다시
마늘소스를 살짝 발라
⑥에 덮는다.

카프레제 샌드위치

토마토, 모차렐라치즈, 바질로 만드는 카프레제샐러드에서 착안해 만든 샌드위치다.
카프레제에 쓰는 모차렐라치즈는 반드시 두부처럼 생긴 부드러운 생 모차렐라를 써야한다.
발사믹드레싱은 거품기로 저어 걸쭉한 상태로 넣어야 소스가 재료에 잘 묻어 맛을 더할 수 있다.

ingredients ●

치아바타빵 2개
상춧잎 2장
새송이버섯 2개
토마토 1개
바질 4~5장
생 모차렐라치즈 6쪽
올리브유 · 소금
· 후춧가루 약간씩
크림치즈 약간

발사믹드레싱

올리브유 100g
발사믹식초 30g
꿀 40g
다진 양파 40g
다진 바질 5g
소금 3g

how to make ●

1 발사믹드레싱 만들기
볼에 올리브유,
발사믹식초, 꿀, 다진
양파, 다진 바질, 소금을
넣고 거품기로 섞는다.
거품기로 풀면 걸쭉하게
섞인다.

2 버섯 볶기
새송이버섯은 슬라이스
해서 프라이팬에
올리브유를 두르고
소금, 후춧가루를 약간
뿌려서 굽는다.

3 샌드위치 만들기
치아바타빵을 반으로 갈라 양쪽 단면에 크림치즈를
바른다.

**4 상춧잎을 1장씩
놓는다. 원하는 야채를
더 놓아도 좋다.**

**5 생 모차렐라치즈
슬라이스한 것을 3쪽씩
얹는다.**

**6 토마토를 얇게 썰어
얹고 바질잎을 얹는다.**

**7 볶은 새송이버섯을
올리고 ①의 발사믹
드레싱을 뿌려서 낸다.**

천연 아이스크림 3가지

유제품을 넣지 않고 두유로 만들어 담백한 맛이 나는 아이스크림이다.
바닐라와 딸기, 고구마 등 천연 재료를 넣어 맛을 낸다. 꽁꽁 얼려놓았다가
먹을 때 믹서에 갈면 쫀득쫀득한 아이스크림을 맛볼 수 있다.

두유바닐라아이스크림

두유 250g
가루한천 2g
바닐라빈 ¼개
물엿 50g
아가베시럽 40g
소금 약간
채종유 30g

1 끓이기
냄비에 두유, 가루한천,
바닐라빈 긁은 것과
바닐라빈 껍질을 넣고
거품기로 저으며 약한
불에 가열한다.

2 소금, 아가베시럽,
물엿을 섞고, 채종유
넣어 끓인다.

3 잘 어우러지면
바닐라빈 껍질은 건져서
버리고 볼에 옮겨
식힌다.

4 식혀서 갈기
약간 엉기면서 완전히
식으면 믹서에 곱게
간다. 기름 성분이 곱게
퍼지면서 걸쭉하고
부드러운 반죽이 된다.

5 얼리기
넓은 팬에 ④를 붓고
비닐로 덮어 냉동실에
꽁꽁 얼린다.

6 아이스크림 만들기
푸드 프로세서에 ⑤를
잘게 잘라 넣고 곱게
간다.

7 얼음 덩어리가
없고 부드럽게 갈리면
아이스크림 스쿠프로
뜬다.

8 그릇이나 과자 위에 얹어 낸다.

두유딸기아이스크림

딸기 150g
유기농설탕 30g
레몬즙 5g
두유 250g
가루한천 2g
물엿 50g
아가베시럽 45g
소금 1g
채종유 30g

1 딸기 전처리하기
볼에 딸기를 담고
설탕, 레몬즙 넣어
나무주걱으로 으깬다.

2 끓이기
냄비에 두유를 붓고
80℃로 데우면서
가루한천, 소금, 물엿,
아가베시럽, 채종유를
넣고 섞는다.

3 딸기 으깬 것을 넣고 섞는다.

4 식혀서 갈기
볼에 쏟아 완전히 식힌 다음 믹서에 넣고 곱게 간다.

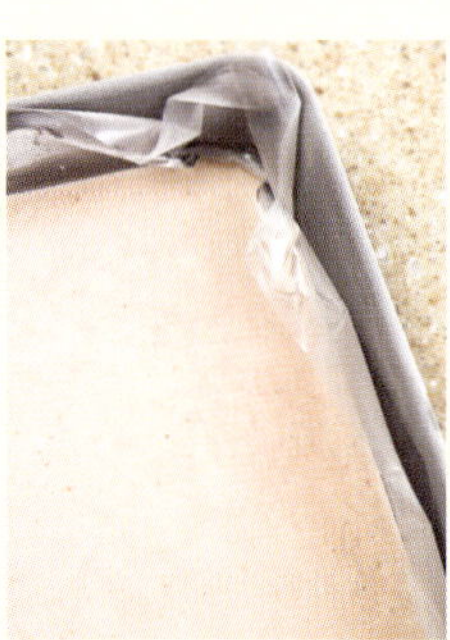

5 얼리기
넓은 팬에 쏟아 비닐을
덮고 꽁꽁 얼린다.

6 아이스크림 만들기
푸드 프로세서에 작게
잘라 넣고 곱게 간다.

7 아이스크림 스쿠프로
떠서 담아낸다.

두유고구마아이스크림

ingredients ●

삶은 고구마(중간 크기)
2개
두유 300g
물엿 70g
아가베시럽 70g
소금 2g
채종유 40g

how to make ●

1 고구마 으깨기
팬에 삶은 고구마를 담고
주걱으로 곱게 으깬다.

2 끓이기
두유를 붓고 잘 섞어가며 가열한다. 소금, 아가베시럽,
물엿, 채종유 순으로 넣어가며 섞는다.

3 거품기로 저어가며
서로 어우러지게 한소끔
끓인다.

4 식히기
볼에 쏟아 완전히
식힌다.

5 믹서에 갈기
믹서에 넣고 곱게 간다.

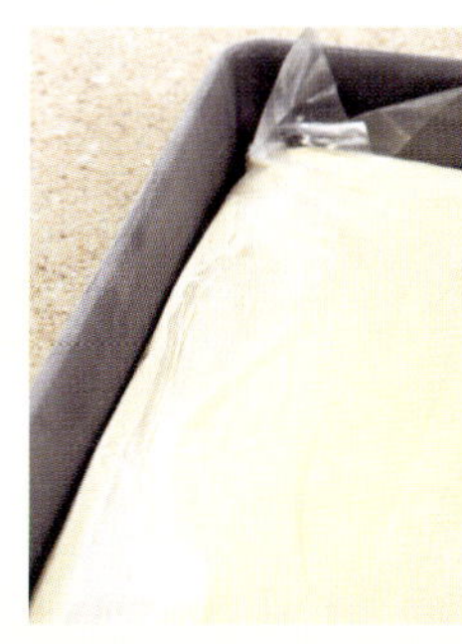

6 얼리기
넓은 팬에 쏟아 비닐을
덮고 완전히 얼린다.

7 아이스크림 만들기
푸드 프로세서에 작게
잘라 넣고 곱게 간다.

8 아이스크림 스쿱으로
떠서 담아낸다.

망고셔벗 · 딸기셔벗

아이스크림 기계가 없어도 꽁꽁 얼려 곱게 갈면 부드럽고 쫄깃한 질감의 아이스크림이 된다. 셔벗 역시
매끈하게 충분히 가는 것이 포인트. 단, 얼음이 단단하므로 강력한 모터가 달린 푸드 프로세서를 써야 한다.
진하고 고급스러운 디저트를 집에서도 재현해본다.

망고셔벗

ingredients ●
망고퓨레 250g
물 150g
유기농설탕 65g
포도당 25g

how to make ●

1 팬에 물, 설탕, 포도당을 넣고 약한 불로 가열한다.

2 80℃가 되면 망고 퓨레를 넣고 좀 더 가열해 60℃ 정도 되게 한다. 그 이상 열을 가하면 퓨레의 맛이 떨어진다.

3 볼에 쏟아 식힌다.

4 넓은 팬에 부어 냉동실에서 얼린다.

5 푸드 프로세서에 작게 잘라 넣고 곱게 간다.

딸기셔벗

ingredients ●
딸기퓨레 250g
물 125g
유기농설탕 40g
포도당 25g

how to make ●

1 팬에 물, 설탕, 포도당을 넣고 약한 불로 가열해 80℃가 되면 딸기퓨레를 넣고 섞는다.

2 좀 더 가열해 60℃가 되면 불에서 내려 볼에 쏟아 식힌다. 너무 많이 끓이면 색이 변하므로 오래 끓이지 않는다.

3 넓은 팬에 부어 냉동실에서 꽁꽁 얼린다.

4 푸드 프로세서에 작게 잘라 넣고 곱게 간다.

제과인이 가장 닮고 싶은 CEO 김영모가 말하는

베이커리
창업 시크릿 AtoZ

제과 기술 하나로 성공신화를 이룬 '빵 굽는 CEO' 김영모. 입맛 까다로운 서울 강남에서 작은 점포로 시작한 그의 매장은 이제 '타워팰리스 사람들의 전용 빵집'이라 불릴 만큼 인정받고 있다. '김영모과자점'이 가진 특별함, 그가 성공할 수 있었던 비결은 무엇일까? 빵을 만드는 사람이라면 그의 이름을 모르지 않고, 많은 사람들이 롤 모델로 삼고 있는 제과명장 김영모 씨가 앞으로 빵집을 낸다면 어떤 모습이어야 하는지, 무엇을 준비해야 하는지 베이커리와 카페 창업에 대한 조언을 들려준다. 건강을 콘셉트로 한 〈김영모의 건강빵〉과 〈김영모의 케이크&쿠키〉 두 권의 홈베이킹 책을 내며 제과업계의 트렌드도 함께 예상해본다.

초보자가 베이커리를 창업한다면 어떤 것부터 시작해야 할지, 창업하고자 하는 사람들에게 가장 해주고 싶은 말이 있다면?

제과점 창업에 관심이 상당히 많은데, 먼저 결코 만만한 일이 아니라는 것을 알았으면 합니다. 부업 삼아 한다는 생각은 아예 버려야 합니다. 제과점 운영이 그만큼 어렵다는 것이지요. 작은 제과점이라도 큰 회사가 움직이는 시스템과 똑같은 방식으로 이루어집니다. 좋은 재료를 구입하는 과정, 생산 과정, 디스플레이, 판매, 영업까지 규모는 작지만 그 시스템은 일반 기업과 마찬가지로 다 갖추어야 합니다. 이것을 가볍게 보고 대충대충 하면 제대로 될 수 없지요. 제과점을 처음 하려는 사람도 기본적으로 관리 능력을 갖춰야 합니다. 프랜차이즈라고 해도 관리 능력은 기본입니다. 빵이 어떻게 만들어지는지, 육안으로 봤을 때 잘 된 빵인지 잘못된 빵인지 구별할 능력이 필요하지요. 무턱대고 번드르르한 프랜차이즈 간판만 걸어서는 성공하기 어렵습니다. 빵집을 차려놓고 운영만 하겠다는 사람도 있는데, 제과장을 고용해 운영하더라도 최종 관리는 반드시 오너가 해야 합니다. 그래야 품질이 향상되고 발전할 수 있습니다. 어떤 경우라도 기본적인 공부는 반드시 해야 합니다.

김영모과자점은 제과제빵을 하는 사람이라면 누구나 부러워하는 곳인데, 가장 큰 성공요인이라면?

후배나 동료들이 사업을 하겠다고 찾아와 자문을 구하곤 합니다. 그때 가장 먼저 묻는 것이 "OO 지역의 OO 상가를 보고 왔는데, 자리가 좋을까?" 하는 것입니다. 그러면 저는 대답하지 않고 차 한 잔 권하면서 "왜 사업을 하려고 하느냐?"고 물어봅니다. 90% 이상이 "돈을 벌고 싶어서"라고 대답합니다. 그럼 저는 그 사람에게 "아직 장

사할 준비가 안 되었다. 좀 있다가 하라"고 말해줍니다. 그 사람들에게 "나를 성공했다고 보느냐?"고 물으면 모두 "성공했다"고 대답합니다. 하지만 저는 한 번도 돈을 벌겠다는 생각으로 빵을 만든 적이 없습니다. 좋은 제품을 만들려고 했지, 돈을 벌려는 생각을 한 적은 없습니다. 초콜릿이 1kg에 1만 원짜리가 있고 5만 원짜리가 있습니다. 돈을 벌려면 아마 1만 원짜리를 선택했을 것입니다. 여름 장마철에 주먹만 한 양상추 한 통은 몇 천 원이나 합니다. 돈을 벌려고 하면 손이 떨려서 제 양을 넣을 수 없습니다. 돈을 벌겠다는 생각을 하지 않고 맛있게 만들겠다고 생각하면 가장 싱싱한 잎으로 한 줌 넣어야지요. 그렇게 만들어 하나를 팔더라도 저는 그게 정답이라고 생각하고 일했습니다. 그렇게 하지 않으면 고객이 다시 오기 힘듭니다. 창업했다가 실패하는 사람을 보면 마인드가 가장 큰 문제입니다. 정말 좋은 제품을 만들어 고객이 다시 찾게끔 만들겠다고 생각하고 실천해야 성공할 수 있어요. 정말 좋은 제품을 만들어 고객이 다시 찾게끔 만들겠다고 생각하고 실천해야 성공할 수 있어요. 가장 기본적인 것이지만 의외로 기본을 지키지 못하는 곳이 많습니다. 그럼 도태될 수밖에 없지요. 고객은 냉정합니다. 좋은 제품을 만들겠다, 깨끗하고 위생적으로 만들겠다, 최고의 서비스로 고객을 모시겠다는 생각을 가지고 있어야 합니다. 만드는 사람의 생각이 그대로 형상화된 것이 제품이니까요. 위생적이고 안전한 빵은 갈수록 중요한 조건이 되고 있습니다. 이번 책에서도 안전성 문제 때문에 수입식품보다 우리 것을 찾아서 쓰려고 노력했습니다.

소규모 창업을 준비한다면 어떤 경쟁력을 갖추어야 하는지?

빵을 직접 만들어 파는 규모가 작은 빵집을 윈도베이커리라고 합니다. 윈도베이커리는 공장에서 반죽이 다 되어

오는 제품을 굽기만 해서 파는 프랜차이즈와는 다릅니다. 모든 공정을 그 작은 빵집에서 다 이루어지는 것이지요. 윈도베이커리도 특색이 있으면 충분히 가능성이 있습니다. 무엇인가 따라 가려고 하지 말고 자기 점포만의 특색을 찾는 것이 우선이지요. 입지 조건, 고객의 성향, 객단가 등이 매장에 따라 모두 다르니까 그에 맞게 분석을 하십시오. 어떤 제품이 인기 있고 잘되는지 알고 특화하는 것입니다. 김영모과자점은 빵 종류가 많아서 장사가 잘되는 줄 알고 종류만 늘리려는 사람이 있습니다. 그러면 실패합니다. 일본의 윈도베이커리 중에는 애플파이만 제대로 만들어 파는 곳도 있고, 홀 케이크도 없이 조각케이크만 파는 곳도 있습니다. 특화하기 나름입니다.

웰빙, 건강을 콘셉트로 한 베이커리를 만들고 싶은데?

현재는 소비성을 보고 말하기는 어렵습니다. 건강빵은 영업적인 측면에서 보면 매출의 기여도가 낮습니다. 저희 매장도 특별히 무엇이 건강빵이고 무엇이 건강빵이 아니라고 말할 수는 없습니다. 전 제품을 건강 콘셉트로 만들고 있으니까요. 건강빵을 만들더라고 가장 중요한 것은 맛입니다. 무슨 음식이든 재료 본연의 맛을 충분히 내는 것이 가장 좋습니다. 빵은 고배합과 저배합으로 나뉘는데(설탕, 유지, 달걀이 많이 들어간 빵이 고배합이고, 적게 들어간 빵을 저배합이라고 한다), 저배합 빵은 칼로리가 낮다는 장점이 있습니다. 저배합 빵의 맛은 국산 밀가루를 썼을 때 누룩 냄새 비슷한 쿰쿰한 맛이 특징입니다. 그런 천연의 맛을 살린 것이 가장 좋은 빵입니다. 여기에 뭔가를 첨가한다면 우리밀에 맞는 국산 재료를 활용해야겠지요. 수수, 조, 녹두를 빵에 넣어보니 한국인의 입맛에 맞았습니다. 조, 수수도 바게트에 넣으면 의외로 쫄깃쫄깃한 맛을 살릴 수 있습니다. 이런 식의 제품 개발이 가장 중요합니다. 사람들은 이런 제품에 자연스럽게 웰빙 베이커리, 건강 베이커리라는 이름을 붙입니다. 무엇보다 맛을 낼 수 있는 뛰어난 기술이 중요합니다. 그러고 나서 빵에 어울리는 매장 분위기를 꾸미고 전체적인 조화를 맞추어야겠지요.

디저트 카페, 베이커리 카페도 인기가 많은데, 어떻게 준비해야 하는지?

최근 복합 매장이 트렌드입니다. 제과점 형태가 아니라 빵과 커피, 음료, 샌드위치 등을 곁들여 함께 판매하고 있지요. 빵도 종류가 많은 것이 아니라 자기 점포만의 특성을 가진 몇 가지만 만듭니다. 특정 군을 가지고 소품종으로 승부를 거는 것입니다. 이런 점포 형태는 앞으로 더 발전할 것입니다. 제가 욕심을 낸다면 한국적인 소재로 한국인의 입맛에 맞는 메뉴를 개발하여 제품군을 채워보고 싶습니다. 밥 같은 빵, 햄과 소시지 없는 샌드위치로요. 가지 같은 야채는 튀길 수도 있고, 양념해서 구워도 맛있습니다. 이런 것을 샌드위치에 넣으면 좋은 메뉴가 되지요.

요즘 카페들은 전쟁을 치르는 것 같습니다. 커피 브랜드들이 매장을 확장하고 빵을 팔고 있지요. 그런데 결국 카

페라는 것은 지역을 벗어나서는 영업이 어렵습니다. 지역 사람들이 모이는 곳이 카페예요. 옛날로 말하면 카페는 사랑방입니다. 규모가 큰 카페보다는 소규모 카페들로 지역을 대표하는 곳이 생겨야 합니다. 프랜차이즈보다는 그것이 경쟁력 있어요. 그 지역에서 나는 재료를 쓰고, 그 지역의 특징을 가진 음식을 만들고…. 이런 방향으로 꾸미면 시대가 변하면서 카페는 더 성장할 것입니다. 요즘 주부들은 주말이면 아침을 먹으러 가족과 함께 카페로 나옵니다. 그때 집처럼 편안하고, 고향처럼 정겨운 음식을 만날 수 있는 곳은 프랜차이즈점이 아니라 지역의 작은 카페일 것입니다.

유기농, 친환경 재료만 쓰다 보면 가격이나 재료 수급에 문제가 있다던데?

당연히 있습니다. 재료를 사러 가보면 친환경, 유기농, 웰빙 등의 단어가 남발하고 있습니다. 그 차이가 얼마나 있는지는 모르지만, '유기농'이라는 이유 때문에 가격이 비싸지요. 제과점에서는 그 재료들로 빵을 만들어 가격을 더 비싸게 받기도 합니다. 그러나 진짜 유기농 빵이 되려면 모든 재료가 유기농이어야 합니다. 그게 어디 쉬운 일입니까? 친환경이나 유기농 재료를 썼다고 하면 소비자의 반응은 좋습니다. 저는 유기농을 쓰든 친환경을 쓰든 소비자에게 솔직하게 다가가는 것이 가장 중요하다고 생각합니다. 우리 농산물이 아니라 수입산을 쓴 데는 분명

이유가 있어서일 테고, 그 이유가 타당하다면 소비자는 받아들입니다. 솔직하게 다가가는 것이 바람직하지요.

김영모과자점에서도 건강 메뉴를 시도했다가 실패한 경우가 있는지?

많습니다. 때로는 너무 앞서 가서 실패했지요. 프랑스나 독일의 시골빵이 너무 매력 있어서 손님들에게 빨리 소개하려고 시작했는데 고객의 입맛이 따라오지 못했습니다. 그때는 거칠고 시큼한 맛을 이해하지 못했으니까요. 또 우리나라는 아직 빵이 간식 개념이어서 주식처럼 받아들이도록 주입할 수 없습니다. 주식 개념으로 가려면 우리 입맛에 맞게 빵이 변해야 합니다. 쌀로 빵을 만들어 무언가 넣어보려고 시도하고 있는데, 쌀빵은 맛도 괜찮고 소비자의 반응도 꾸준히 좋아지고 있습니다. 쌀을 먹어야 밥을 먹었다고 생각하는 문화여서 쌀은 응용가치가 높습니다. 게다가 우리나라 쌀은 품질이 좋으니 재료 수급도 유리하죠. 쌀로 특화한 제품을 만들더라도 부단히 연구하여 맛있게 만들어야 성공합니다. 빵 만드는 것은 과학입니다. 새로운 제품에 대한 매뉴얼이 있어야 하는데, 과학적으로 만들지 않으면 좋은 제품을 만들 수가 없습니다. 쌀은 빵을 만들 수 있는 성분이 들어 있지 않아 빵이 될 수 있는 성분을 넣어 가공해 만드는데, 충분한 테스트를 거쳐야 하지요. 그런 수고도 없이 무작위로 내놓으면 맛없고, 그러면 소비자도 안 사먹게 되고, 결국 안 된다는 결론에 도달합니다. 처음부터 철저히 준비해서 접근한다면 가망이 있습니다.

홈베이킹이 창업에 도움이 될까?

일본에는 가정식 제과점이 여러 곳에서 인기를 끌고 있습니다. 정교함보다는 약간 어설픈 것이 집에서 만든 것 같은 정을 느낄 수 있지요. 홈메이드 파이, 프랑스 가정식 케이크 등을 특화해 인기를 끌고 있습니다. 가정에서 만들어 먹는 제품을 그대로 판매하면서 성공한 케이스들입니다. 단, 그들은 홈베이킹 문화가 생활화되어 있기에 가능한 일이었습니다. 엄마의 엄마가 해주시던 맛을 매장에 내놓았을 뿐이지요. 우리나라는 몇 대에 걸쳐 손맛을 이어온 떡집은 있지만 그런 빵집은 찾기 어렵지요. 그래서 가정식 베이커리를 하고 싶다면 집에서 홈베이킹을 꾸준히 연마해야 합니다. 충분한 경험을 살리면 재미있는 창업의 길이 열릴 수 있을 것입니다.

앞으로 새로운 스타일의 카페나 베이커리를 창업한다면?

미국의 그레이트 하베스트는 직접 기른 밀을 수확해 그 밀을 바로 빻아 빵을 만듭니다. 밀가루를 숙성시키지 않고 바로 만들어 빵이 무거운 편인데 인기가 많습니다. 밀이나 곡물을 계약 재배해서 그 재료를 가지고 빵을 구우면 어떨까, 종종 생각합니다. 규모가 크지 않더라도 작아서 오히려 고객과 친밀하게 대화하고 접근할 수 있는 곳이 좋을 것 같습니다. 방앗간 옆 작은 빵집 같은 그림을 그려봅니다. 저는 작은 제과점이 많이 생겼으면 하는 바람입니다. 지역의 특성을 살려 다양한 모델들이 나왔으면 합니다. 해남의 고구마 빵집, 강원도의 감자 빵집은 어떨까요? 그리고 그것이 그 지역의 사랑방 같은 카페가 된다면 참 개성 있고 즐거울 것 같습니다.

*사진제공 〈스위트로드－김영모의 일본제과점 답사기〉 ⓒDream Character, Inc.

이 책을 만드는 데 도움 주신 곳

네쿠틀리 아가베시럽 www.agaves.kr 02-2266-4922
라이프데코 www.lifedeco.com 02-2213-5989
로얄코펜하겐 02-543-2343
모던하우스 www.2001outlet.com 02-530-5000
아시안링크 www.asianlink21.com 031-943-9977
에밀앙리 02-3479-6263
엘빈앤데코 www.alvindeco.com 010-5652-3040
와우웰리스 www.wowweles.co.kr 031-713-8238
윤현상재 www.younhyun.com 02-3444-4366~9
이딸라 www.iittala.co.kr 031-902-3285
주방 www.zubang.co.kr 070-7555-3245
최재일 www.ceramia.kr 031-718-4822
쿠킹타임 cookingtime.co.kr 070-7779-5077
더플레이스 www.theplace.kr 02-3444-2203

우리 식재료, 천연 재료로 만든

김영모의 케이크 & 쿠키

1판 1쇄 발행 2010년 3월 1일
1판 4쇄 발행 2013년 1월 15일

지은이 김영모

발행인 김재호
출판편집인 · 출판국장 권순택
출판팀장 이기숙

진행 이유진
디자인 민순영, 서동희(art publication design GOGH)
사진 홍중식, 현일수
스타일링 민들레, 민송이, 조수아
스타일링 어시스트 장문희, 정대성
베이킹 어시스트 이학순, 이다은, 윤남기(김영모과자점)
교정 이현숙
마케팅 이정훈, 정택구, 박수진
인쇄 삼성문화인쇄

펴낸곳 동아일보사
등록 1968.11.9(1-75)
주소 서울시 서대문구 충정로3가 139번지(120-715) .
마케팅 02-361-1030~3 팩스 02-361-1041
편집 02-361-0992 팩스 02-361-0979 .
홈페이지 http://books.donga.com

편집저작권 ⓒ2010 동아일보사

이 책은 저작권법에 의해 보호받는 저작물입니다.
저자와 동아일보사의 서면 허락 없이 내용의 일부를 인용하거나 발췌하는 것을 금합니다.
ISBN 978-89-7090-780-2 13590

값 18,000원